U0458296

我读
可持续发展
经典书

30 年 30 部（1992—2022）

诸大建　著

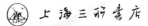
上海三联书店

目　录

前　言

　　2022 年联合国确立可持续发展战略 30 年，回望自己的研究经历，写了一本小书《我是可持续发展教授》。余兴之际，想到可以挑选读过的一些有长期价值的可持续发展经典书，结合读书经历和感悟向社会作一些推荐。想法得到出版社的认同，发微博和朋友圈披露了初选的一些书目。有朋友看到后就去买来看，说要向其他人推荐。证明出版这样的书是有需求的。

　　世界上的绿色思想运动有三次里程碑事件，即 1972 年的联合国斯德哥尔摩环境首脑大会，1992 年的联合国里约环境与发展首脑大会，2012 年的联合国里约 +20 可持续发展首脑会议。第一次里程碑时期的著作出版时间大多数是在 30 多年前，讨论的问题偏向环境问题和影响（附录 1 是我推荐的第一次里程碑时期 20 本书选读书目）。可持续发展战略的正式确立并在世界各国推行，始于 1992 年里约会议第二次里程碑，经过 2012 年第三个里程碑，到 2022 年是三十而立。我觉得可以推荐一下从 1992 年到 2022 年 30 年间对可持续发展领域有影响的书。2001 年和 2019 年我曾经先后在上海译文出版社和上海科技教育出版社的支持下，主持翻译过两套国外绿色前沿丛书（参见附录 2 和附录 3），当时强调专业性和学术性，读者对象主要考虑研究者和决策者。这次编写可持续发展经典选读 30 年 30 本，我心目中的读者是广义的，选书标准主要考虑"三个有"，即有趣、有理和有用。希望这些书不仅对专业研究者、企业经营者和政府决策者有意义，而且对所有有兴趣的读者都有吸引力。

一是这些书提出的有关可持续发展的问题是有趣的。这里的有趣，强调是指思想的有趣，所选的书要发现和提出可持续发展研究中一个有趣的问题，这个问题不是稍纵即逝，而是有相对长时间的意义。所选的书要能够集中火力杀死这个问题，把问题讲深讲透，而不是不痛不痒。对问题的解读和阐述不仅有可读性，而且有启发性，要步步深入引导读者思考进入佳境。因此我选书的时候排除了一些面面俱到什么都有的书，排除了一些专业性过强、充满数学公式、语言晦涩的书。

二是这些书有吸引人的叙述结构和理论逻辑。我这里推荐的书，作者大多数能够用一个大道至简的思想模型进行述说，这些模型可能是可视化的图像模型，或者是一看就懂的简易公式。思想模型把散乱的破碎的知识结构化、模块化，使知识增值成为见识。讨论问题不是感想式地发发议论，简单说我认为是什么，而是有深刻性地探讨为什么以及有操作性地说明怎么做。因此，许多畅销书和媒体朋友写的书不在我的选择范围之内。这里推荐的可持续发展的好书，一定是我自己看过后的慎重选择。

三是这些书对思考中国发展有独特的洞察力和启发性。可持续发展是联合国推进、世界各国认同的全球化战略，已经成为世界通行的发展语言。但是发达国家与发展中国家关心的问题不一样，全球南方和全球北方关心的问题不一样。因此推荐这些书，除了要有可持续发展的通用性的理论与方法，我特别考虑对中国当下从高速度增长向高质量发展转型有启发意义，可以在此基础上深化中国发展理论，讲好中国自己的故事。因此，我选择的书都有中译本（其中一本是台湾翻译本），以便读者去找来或者买来阅读。因此只有英文原版书没有中译版的书就舍弃了。

应该说，这里推介的可持续发展经典选读30年30本，在考虑它们对可持续发展的影响力之外，主要是我个人视野中的好书。书的领域和范围主要与自己的研究兴趣有关，内容主要覆盖可持续发展的理论与方法，可持续发展的管理与指标，可持续发展的经济、消费和商业模式等三个大的方面。这里介绍的书，我的书架上全都有，除了中译本，大多数配有英文原版书，有的还买了港台的翻译版。我写这本书的初心，不是搞一般意义上的可持续发展经典文献导读，而是想回望过去30年自己研究可持续发展的读书历程，检视到底哪些书对自己的学术和生活最有影响。因此，撰写本书融入了自己读这些书的故事，书的顺序按照原版书的出版时间编排，也是我自己发现这些书、研读这些书的时序；因此，介绍每本书会交代当时为什么读这本书和看书的第一印象是什么，如果当年写过书评或者翻译该书写过中译本序，我就直接用当年的原文作介绍；因此，我也会插入一些读书之后如何用在研究、教学、管理咨询以及国际交往之中的故事，包括与一些原作者的交往。读者如果有兴趣，可以同时看《我是可持续发展教授》这本口袋小书，希望这样的另类的写法会给读者带来另类的兴趣。

1

《多少算够——消费社会与地球的未来》（1992）

（美）艾伦·杜宁著，多少算够——消费社会与地球的未来。

毕聿译，长春：吉林人民出版社，1997

Alan Durning, How Much Is Enough—The Consumer Society and the Future of the Earth. New York: Norton, 1992

内容简介：消费主义的生活方式闪电般地遍布全球，可悲的是消费主义蒙骗我们沉迷于物质世界，却不能给我们以充实和富足感，因为我们仍然是社会、心理、精神上的饥饿者。相反的极端——贫困，对于人类的精神也许更糟，也同样毁灭环境。如果人类拥有太多和拥有太少，地球都将受难，问题是多少算够。本书表明，如果不重新调整我们的消费主义的生活方式，我们只有将地球毁灭了事。

作者简介：艾伦·杜宁（Alan Durning），时任莱斯特·布朗创立的美国世界观察研究所资深研究员。获奥博林学院哲学和环境政策硕士学位。参与了世界观察研究所著名的《世界状况》年报和《世界观察》杂志的写作。《多少算够》是世界观察研究所推出的环境预警丛书第二本，该书荣获纽约哈里肖邦媒体奖，作者的其他著作曾获伦敦有德消费者奖。

中产阶级是可持续社会的基础

在我的心目中，美国学者杜宁（Alan Durning）1992年出版的《多少算够—消费社会与地球的未来》（1997年中译本），是讨论消费在可持续发展中意义的有开创性的著作。后来看过许多题为《多少算够》的书，都没有这本书有冲击力，印象深刻。这本书的重点，是强调人类社会的消费模式，需要从向高消费阶层看齐追求越多越好，转变到在中产阶级的基础上，追求与地球承载能力相适应的新消费文化。今天有关这个问题的研究在细节上已经深化很多，但是阅读这本书仍然可以受到思想启迪，强化我们关于中产阶级是可持续发展的社会基础的信念。

我当初研读这本书，是希望能够回答可持续发展研究中的两个有关联的问题。问题之一，1992年联合国在里约环境与发展峰会上确立可持续发展战略，可持续发展包含经济、社会、环境三个支柱或所谓三重底线。当初有关社会维度特别是穷富两极分化对于可持续发展影响的认识是肤浅的，需要研究深化。问题之二，研究可持续发展我喜欢用IPAT方程进行精细化的分析，这个公式在可持续发展研究中的价值，就像万有引力公式对于牛顿力学、质能关系式对于爱因斯坦相对论。IPAT方程表明人类社会对地球环境的影响I（impact）来自三个独立的要素，即人口P（population）、消费

A（affluence）、技术 T（technology）。1992 年以前，学者们已经对人口和技术的环境影响作了专门的研究，如埃利希的《人口炸弹》（1968）和康芒纳的《封闭的循环》（1974），但是对消费的环境影响的研究还没有破题。

该套丛书的组织者丝达奇在前言中说：消费是三位体中被忽略的一位，如果我们不想走上一条趋于毁灭的发展道路的话，世界就必须面对它。丝达奇评论说：消费的默默无闻并不令人惊奇。打破这种默默无闻需要全球人口最富有的五分之一的高消费阶层向"多多益善"的普遍观念提出异议。他强调，由高消费阶层与穷人阶层穷富两极组成的世界人口的五分之二正在走向截然不同的目标，正在给地球造成浩劫，使得我们越来越不能正常地生活。丝达奇说，对于我们这些生活在工业化国家的人，正在变得更加清楚的是，超过一定界限之后，更多的消费并不等于更多的充实。

正是基于这样的概念，杜宁的书对工业社会把消费看作好事的主流概念提出质疑，强调要从高消费社会向地球可以支撑的可持续社会进行转移。本书分三个部分三篇内容展开，三部分的内在逻辑是：现在在哪里（影响是什么）、要到哪里去、如何去那里。

第一部分即第一篇评价消费包含 1—4 章，主要讨论消费者阶层的形成及其福祉回报和环境影响是什么。杜宁讨论问题的切入点是将工业社会以来的消费水平分成三个生态等级，即最富有的消费者阶层（11 亿人占五分之一）、中等收入阶层（33亿人占五分之三），穷人（11亿人占五分之一）。杜宁指出，从理论上讲三个等级可根据他们人均消耗的自然资源、排放的污染物和破坏的动植物栖息地准确地确定；从实际上看，三个阶层可以通过两个有代表性的标准进行区分，即年平均收入和生活方式，杜宁重点研究了饮食、居住、交通出行、用品等四个方面。

基于1990年代初的数据和情况，世界上的穷人是年收入少于700美元（人均每天2美元不到），总收入不到世界收入的2%。食用的几乎完全是谷物、块茎作物、蚕豆和其他豆类食品，饮用不清洁的水；居住在茅草棚或贫民窟，靠双脚步行出行；大多数财产是用石块、木头和其他当地所能提供的材料制造的。中等收入阶层年收入在700—7500美元，总收入是世界收入的33%，饮食以碳水化合物为主，有清洁水；居住在配有电灯、收音机以及日益增多的电冰箱、洗衣机的现代建筑里；依靠公共汽车、火车和自行车出行，保留着一些不太多的耐用品。高消费阶层年收入在7500美元以上，占据世界收入的64%，是穷人的32倍。食用肉制品和加工过的袋装食品，饮用装在容器中的软饮料和其他饮品；居住在装有空调的建筑中，配备着充足的冰箱、洗衣机、烘干机以及热水、洗碗机、微波炉等电能驱动设备；坐私人汽车和飞机出行；用的是大量一次性的用品。

工业革命以来，高消费阶层被看作是消费社会的领导阶层，对其他两个阶层具有示范意义。杜宁指出，富人可以看作是高消费阶层的一个子集，因为就其生态影响而言，最大的差距不在富人和高消费阶层之间，而是在高消费阶层与其他两个阶层之间。消费者社会是在 20 世纪的美国开始产生的，经济学家和商业经理们注意到，当人们对食品、衣物和住所的自然需要感到满足的时候，大规模生产的产品将会卖不出去，于是就开始推行大量消费作为经济继续扩展的秘诀。"消费的民主化"变成了美国经济政策的重要目标，甚至被认为是一种爱国责任。二战以后特别是 1960 年代以来，高消费社会已经扩张到了西欧、日本、澳大利亚以及世界上的其他地区。

然而高消费的福祉意义需要从两个方面进行怀疑。与杜宁的反驳类似，20 年前我曾经基于已有的研究文献写论文提出可持续发展存在两个门槛问题即福利门槛和生态门槛问题。福利门槛主要反驳更多的消费可以带来更多的快乐的看法。杜宁在书中引用芝加哥大学的一个调查研究资料证明，尽管 1970 年代美国人在国民生产总值和人均消费支出两个方面，相较于 1957 年都接近翻番，但是美国人的快乐感没有明显增加。因此福利门槛指出，消费带来的满意度是有天花板的，超过这个门槛线消费对于满意度提高的边际收益开始递减。生态门槛主要针对高消费社会导致的生态环境影响。实证研究表明，人们从中等收入阶层进入高消费阶层，对生态环境的影响因为消耗不同物质密度的物品而急剧增大。高速增长的消费者阶层意味着对资源环境的影响更快地逼近地球的生态环境门槛。研究发现，从1940年以来，美国人使用的地球矿产资源的份额就同他们之前所有人加起来的一样多。

第二部分即第二篇寻求充裕包含5—7章，主要讨论合理的消费模式应该是什么。传统消费主义的越多越好模式是要高、中、低三个消费阶层清一色向高消费阶层看齐，人类消费对地球生态环境的影响日益超越地球承载能力。可持续性导向的新消费模式，是要以中等收入阶层为基础进行收敛和趋同，在满足人们的多元化消费需求的同时，把生态环境影响控制在地球生态物理界限之内。本书重点讨论了饮食、交通出行、物品三个领域的消费模式转型。

就饮食而言，如果全世界的饮食都是高消费阶层的模式，即高脂肪的牛羊肉制品、大量包装和加工的商品和饮料以及长途运输的物品等，那么仅仅用在食品和饮料上的所耗费的能量就会比我们当前用在所有目的上的能量都多，何况还有其他同样巨大的自然资源消耗。因此，在世界范围内重新制定食品和饮料系统的目的，不是把穷人和中等收入阶层提高到高消费阶层，而是使三个群体向中间趋同。对所有消费者来说，应该要有一种用充裕的当地食物和清洁饮用水组成的基本饮食清单，保证得到必需的全部营养多样性和水果蔬菜，免受食物中毒和感染性疾病，减少对一次性包装材料和长途运输的依赖。

在交通方面，高消费阶层使用的交通方式主要是私人汽车和飞机，这样做对于全世界的人们来说，如果不破坏大气，把大面积的土地变成公路以及蔓延式的城市，就绝无可能。对比之下，中等收入阶层的自行车、公共汽车和火车，如果用最新的技术使之现代化，偶尔使用轿车和飞机作为补充，似乎能够为全世界提供环境健康的可持续性的运输。事实上，我们看到中国过去几十年抢着速度发展城市内部的地铁和城市之间的高铁就是要进行这样的交通范式的变革。

在物品方面，高消费阶层的问题是通过过度包装、一次性用品、用完就扔迅速废弃，带来了物质消费量和废弃物的剧增，而其中很大部分主要来自浪费。因此，在经济低级阶梯上曾经有过的有关节俭和维修等的价值观，需要生活在消费者社会的我们把它们恢复回来。如果全世界的人们在一条物质使用的中间道路上团结起来，把富裕国家先进的低资源技术和中等收入国家对耐用品强调的价值观结合起来，将兼有两个世界的精华。21 世纪以来在中国和国外崛起的循环经济和共享经济就是这样的结合。

第三部分即第三篇驯服消费主义包含 8—10 章，主要讨论如何通过可持续性文化转向新消费模式。强调用可持续性文化可以走出生活满足与物质消费脱钩的道路，用减少的物质消耗提高生活的满意度。杜宁说，如果我们试图无止境地保持高消费经济，生态的力量将残酷地粉碎它；如果我们想自己逐渐地消除它，那么我们需要用低物质消费或可持续消费的新文化来代替它。主要的转型途径是三个。

可持续性消费的途径之一是，从追求物品拥有到享受产品服务。重要的是要能够区分物质商品与使用这些商品得到的服务，前者是手段，后者是目标。消费的手段即物质流可以大幅度下降，但是享用服务及其货币价值可以保持或者下降很少。例如，没有人想要电话簿、报纸和杂志，我们想要得到的是它们所包含的信息，因此我们可以在耐用的电子读物上以差不多的价钱得到这个信息，由此减少了纸张消耗，清除了生产纸张导致的污染。对手段（物质商品）和目的（产品服务）之间的区别可以将我们带入后消费者社会，实现高物质消耗与生活质量的脱钩。

可持续消费的途径之二是，用劳动密集型的工作替代资源密集型的工作。大多数损害生态环境的产品生产和消费，常常产生非常少量的工作。相反，在高劳动密集与低环境影响之间，常常有惊人的一致性。例如，修理现成的产品比生产新产品使用了较多的人力和较少的自然资源；提高能源效率比促进能量生产使用了更多的人；产品再循环计划比废物焚烧炉和填埋场使用了更多的人。因此可持续消费模式可以实现工作类型与自然资源消耗的脱钩。

可持续消费的途径之三是，从不断增加的工作时间转向弹性和较少的工作时间。虽然大家认识到，满意的工作和足够的闲暇两者是人类幸福的关键因素，但是高消费社会的天平是在向增加工作时间和负荷倾斜。高消费社会迫使人们用日益增长的工作时间和压力去挣得更多的钱。走向可持续消费和可持续生活的关键是，把我们自己从全日制工作的刚性束缚中解放出来。换句话说，后消费者社会应该是用减少的时间去工作去挣钱，有更多的时间去休闲去享受家庭生活和人与人之间的友谊。

以前我们已经认识到，好的社会应该是中产阶级作为主体并且不断增大的橄榄形社会。研读这本书，可以进一步认识到由中产阶级组成的橄榄形社会对于可持续社会和可持续消费的特别意义。

从现有的研究成果和认识水平上，我觉得可以引入甜甜圈经济学的三圈模型（参见本书介绍的《甜甜圈经济学》一书）来认识在中产阶级基础上推进可持续发展的意义。用甜甜圈经济学的三圈图形解读三种消费阶层。高消费阶层属于甜甜圈经济学的外圈，过度消费超越了地球生态承载能力；中等收入阶层属于甜甜圈模式的中间圈，具有可持续消费新模式的基础；穷人阶层属于甜甜圈模式的内圈，消费不足，也对生态环境有另一方面的影响和损害。人类社会的未来消费是要外圈的过度消费阶层和内圈的消费不足阶层，向中间圈的中产阶级进行收敛，携手在地球承载能力范围内实现我们的经济社会福祉。

将三个阶层的划分和三次分配的方法与甜甜圈经济学的三圈模型结合起来，还可以看到缩小贫富差距走向共同富裕的重要路径。首先，社会需要基于市场竞争的第一次分配，激励一批批的人通过合法劳动富起来，但是要通过政府税收的第二次分配控制穷富差距和甜甜圈外圈透支自然的过度消费。其次，政府需要税收等第二次分配的收入提供公共产品和公共服务，扩大甜甜圈中间的中产阶级的比重，做大做强橄榄形社会。最后，政府、企业、社会和个人需要通过转移支付和慈善这样的第三次分配提高穷人的收入和福利水平，追求联合国SDGs期望的不让任何一个人落后。

2

《超越增长——可持续发展的经济学》（1996）

（美）赫尔曼·E.戴利著，超越增长——可持续发展的经济学。
诸大建、胡圣译，上海：上海译文出版社，2001

Herman E. Daly, Beyond Growth—The Economics of Sustainable Development. Boston: Beacon Press, 1996

内容简介：本书是美国经济学家赫尔曼·E.戴利有关可持续发展的理论、方法和政策研究的集大成著作。作者强调，可持续发展的要害是在生态环境的约束下提高人类的经济社会福祉，地球存在物理极限的强可持续性对传统经济学的增长主义旧范式具有变革意义。本书出版以来在可持续发展研究和更广泛的领域发挥了思想引导作用，其革命性、深刻性、系统性，被认为尚无其他著作可以匹敌。

作者简介：赫尔曼·E.戴利（Herman E. Daly），美国生态经济学家。强可持续性理论的倡导者和思想家，国际生态经济学学会的主要创建者之一。1967 年获范德比尔特大学经济学博士学位。1973 年受聘为路易斯安那州大学教授，1988—1994年任世界银行环境部高级经济学家，1994 年任马里兰大学公共事务学院教授。曾获多项环境与可持续发展研究奖，包括另类诺贝尔奖等。

可持续发展是发展范式的变革

《超越增长》这本英语原版书，我是在一个意想不到的场合觅得的。1990年代的一段时间，同济图书馆有一个美国原版二手书转运站，对学校里的师生开放。那时候我研究可持续发展已经有一段时间，觉得这方面的研究，政策性阐述的东西比较多，理论性分析的东西比较少，所以一直希望看到一本有深刻的学理分析的书。有一次，路过二手书转运站进去转悠，随便乱翻的时候看到了一本赫尔曼·戴利撰写的题为《Beyond Growth》的书，副标题是"可持续发展的经济学"。拿起来一翻，觉得这正是我想要的书。10元人民币买下，回来后细读觉得性价比特高！

2023年年初，文汇读书专栏《有一本书，我愿一读再读》，约稿推荐一本自己反复阅读的好书，我荐读的就是Daly的这本《超越增长》。确实，过去20多年来我作报告讲可持续发展，总是把戴利的这本书作为最主要的参考书甚至必读书。2001年上海译文出版社邀请我主持翻译一套1992年联合国确立可持续发展战略以来国际上的绿色前沿译丛，我组织翻译了十几本书，《超越增长》是我自己翻译并强调在该套丛书中具有引领意义。我也曾经发表万字学术长文，专门给国内学术同行介绍和评价戴利的思想，比较戴利的强可持续性范式与新古典经济学的弱可持续性的差异，指出时下有关可持续发展的一些认识误区和政策误区是什么。有趣的是，2008年我被邀请到内罗毕国际生态经济学大会上作主旨发言，主持人在介绍我的时候，还特意加了一句"诸教授是戴利《超越增长》一书的中文版译者"。

现在这本书早已经被学术界公认为是理解和研究可持续发展研究的经典。遗憾的是，目前从学术界到非学术界，从管理层到企业界，从国内到国外，谈论可持续发展已经成为一种时尚。但在同一个"可持续发展"的名词下，却存在着非常不同的理解。有的人把可持续发展等同于一般意义上的环境保护，有的人把可持续发展看作是包罗一切要素的思想箩筐，也有的人把可持续发展用来作为传统经济增长理念的新遁词。在这种情况下，研读戴利这本论述可持续发展的著作《超越增长》，肯定对于理解什么是真正的可持续发展是有帮助的。

戴利生前是美国马里兰大学公共事务学院的教授，曾作为环境经济方面的高级专家在世界银行环境部工作多年。本书是他关于可持续发展研究的集成之作，最充分地表现了他的主要思想，有兴趣的读者也可以与本书中加拿大Victor教授撰写的戴利学术生涯传记《"满的世界"经济学》一书结合起来阅读。在《超越增长》一书里，戴利所阐发的可持续发展的中心理念包括下列方面：

一是可持续发展在人类发展模式演进中的革命意义。正如美国科学哲学家库恩（T. S. Kuhn）把科学研究分成常规科学和革命科学两种形态那样，戴利是把可持续发展看作是对传统经济学具有变革作用的革命性科学来认识和架构的。在这一点上，他与那些坚持把可持续发展看作是传统发展观的常规性改进与调整的学者，或者那些字面上把可持续发展看作革命但实质上让它与传统经济增长观点兼容的学者，形成了根本的区别。戴利强调，增长是一种物理上的数量性、规模上的扩张，发展则是一种质量上、功能上的改善。可持续发展的变革是要从追求无止境的数量增长转向无止境的质量发展，是要对当前以增长为中心原则的数量型发展观进行清理，建立以福利为中心原则的质量型发展观。这与中国改革开放 40 多年后，发展战略要求从高速度增长转向高质量发展的内在逻辑是一致的。

二是把经济是生态的子系统作为发展观的核心理念。戴利指出，传统的增长主义发展观的根本错误在于，它的核心理念或前分析观念把经济看作是不依赖外部环境的孤立系统，因而物理规模可以无限制地增长。而可持续发展的核心理念或前分析观念，强调经济只是外部的有限的生态系统的子系统，因此宏观经济的数量性增长是有规模的而不是无限的。在工业经济社会的开始，当人造资本是稀缺的限制性因素的时候，追求经济子系统的数量型增长是合理的（这意味着南方的发展中国家需要有一定规模的数量型增长）。但随着经济子系统的增长，当整个生态系统从一个"空的世界"转变为一个"满的世界"的时候，当自然资本替代人造资本成为稀缺的限制性因素的时候，经济子系统就需要从数量型增长转换为质量型发展。综合起来可以说，戴利构建了一个完整的二阶段组成的发展理论，即发展的第一阶段是数量性增长，发展的第二阶段是质量性发展。基于此，戴利特别强调经济成熟的北方发达国家首先需要为可持续发展作出改进。

三是可持续发展是生态、社会、经济三方面优化的集成。戴利认为可持续发展的中心原则是，我们应该为足够的人均福利而奋斗，使能够获得这种生活状态的人数随时间达到最大化。可持续发展要求生态规模上的足够、社会分配上的公平、经济配置上的效率三个原则同时起作用。足够，是强调人均财富的目标是足够过上满足基本需求的好生活而不是物质消耗最大化；效率，是指随着时间的流逝能允许更多的人生活在足够的生活状态中；公平，是强调足够这样一种生活状态应该被所有人所拥有。如甜甜圈经济学所展示的那样，今天的世界，一些人的生活超过了足够，而另一些人则远远低于足够，因此是高度不平等的；同时，以日益增长的速度消耗资源和损坏自然资本，不能满足所有人基本需要的系统不能被认为是有效率的。

四是关于可持续发展的操作意义。要使世界走向可持续发展，必须进行政策调整，对此戴利提出了四条操作性建议。建议之一是要求停止当前把自然资本消耗计算作为收入的做法，这特别表现在国民经济核算、消耗自然资本的项目评估以及国际收入平衡账户等方面；建议之二是要求对劳动及其所得应该少课税，而对资源流量应该多课税；建议之三是要从强调劳动生产率转向强调资源生产率，短期内应该使自然资本的生产率最大化，长期内则要加强对自然资本的投资以扩大供给；建议之四是要认识到当前以自由贸易、资本流动和出口导向的全球化对可持续发展的不利方面，应该以国内市场为首选发展国内生产，只有在明显高效率的情况下才让资源参与国际贸易。

以上是戴利阐发的可持续发展——主要是强可持续性发展范式——的基本理念和政策意义。在《超越增长》全书中，他由此建立了一种与传统经济学和传统发展观俨然有别的新的理论框架，并对包括国民经济核算、贫穷、人口、国际贸易甚至宗教、伦理等在内的发展问题进行了一系列刨根究底的再思考。不能说戴利对可持续发展的诠释是最正确的——事实上如作者在书中反复提到的那样，他对可持续发展所阐发的思想和政策建议在学术界和非学术界有着很大的争论，戴利本人把它们归为常规科学与革命科学的争论——但不管什么人，即使戴利的学术对手，都不得不承认他对环境和可持续发展问题思考的革命性、深刻性和系统性，认为在这方面还没有人、没有其他书能与其匹敌。

学者看书最稀罕思想性，就我个人而言，我觉得研读《超越增长》一书给我带来的思想启发和实际收益有两个方面。一个方面，是深化了可持续发展理论与方法的思考和研究，例如这几年我在研究中有过深入工作的生态福利绩效概念，就是在戴利这本书的生态经济效率基础上引申发展而来。
另一个方面，戴利这本书重点分析欧美发达国家的可持续性
转型，对照之下可以发现发展中国家的研究需要突破，由此
我提出了欧美发展 B 模式与中国发展 C 模式是可持续型转型
的两种不同模式。以上两个方面得到的一些实质性的收获和
研究产出是，申报课题获得了国家自然科学基金和国家社会
科学基金的资助，发表了一系列有推进意义的中英文论文，
开发研制了城市可持续发展指数，以及与联合国开发署合作
发表了《中国城市可持续发展评估》报告等。

3

《生态足迹——减低人类对地球的冲击》（1996）

（美）马希斯·威克那格、威廉·雷斯著，生态足迹——减低人类对地球的冲击。李永展、李钦汉译，台北：创与出版公司，2000

Mathis Wackernagal and William E. Rees, Our Ecological Footprint—Reducing Human Impact on the Earth. US：New Society, 1996

内容简介：本书是生态足迹概念和生态足迹分析的开山之作。生态足迹是测量可持续发展并且可视化的一种分析工具。指人群消费的商品和服务，背后涉及的自然界的资源供给和废弃物吸纳的物质量，以生物生产性土地（或水域）面积来表示。将生态足迹与自然生态系统的承载力进行比较，可以判断某一国家、地区、个人可持续发展的状态，对人类生存和社会经济发展进行科学的规划和管理。

作者简介：马蒂斯·瓦克纳格尔（Mathis Wackernagal），生态足迹概念的两个发明者之一，生态足迹网络的创办者。获加拿大大不列颠哥伦比亚大学博士学位。曾带领生态足迹网络与中国贵州省合作，探索生态文明建设中的绿色发展方案。

威廉·里斯（William E. Rees），加拿大大不列颠哥伦比亚大学规划与资源生态学教授，1992年最先提出生态足迹的概念，瓦克纳格尔的博士导师。

用生态足迹衡量人类环境影响

《生态足迹——减低人类对地球的影响》（以下简称《生态足迹》），是现在流行的生态足迹概念的开山之作，英文原版于1996年出版。我2001年去台北开会，在诚品书店买到新鲜出炉的这本书的中译本，如获至宝。国内现在用生态足迹写论文做研究的人很多，但是一直没有把这本创造了生态足迹概念和生态足迹分析的原创性的书翻译过来。为此，2019年我应上海科技教育出版社邀请，主持翻译绿色发展文丛，翻译出版了瓦克纳格尔2019年的新书《生态足迹——管理我们的生态账户》（2022中文版）。

《生态足迹》是一本具有战略意义的研究著作。作者撰写该书的出发点和中心思想是人类的经济社会发展不能从自然界中抽离，以能源流和物质流而言，绝对不是什么外在的东西。在生态圈中人类经济是一个非独立的子系统，它意味着我们应该像研究任何大型消费性生物在自然界中的角色一样，研究人类在自然界中的角色，评价他们经济社会生活的自然资源获得和生态环境影响。该书的研究结构包括三部分，依次说明是什么、为什么、怎么做的问题。

第一部分，说明生态足迹概念及其分析方法是什么。发明生态足迹概念，是要用实证数据说明人类经济活动或各种经济体产生功能所需要的能源流和物质流到底有多大。生态足迹包括从开采资源输入经济系统和废弃物输出被自然界吸收的全过程，最后把它们标准化，转换为自然界在维持这些流通上需要提供的陆地和水域面积。生态足迹的概念不是像那些 GDP 增长主义者或者反环保主义者认为的那样，总是悲观主义地强调"事情到底有多坏"，而是要探讨人类要怎么做才能在地球的承载能力之内实现未来的生存和发展。

第二部分，说明生态足迹为什么对可持续发展很重要。强可持续性的观点强调人类经济社会发展应该在地球生态环境的承载能力之内进行，构成了生态足迹概念的理论基础和信念基础。这样的强可持续性观点能否为人们理解和运用，关键在于能否找到一个有意义的工具或指标来衡量经济社会发展需要的自然资本。传统的 GDP 概念不能也不会承担这个任务。生态足迹分析的做法是将实际的生态足迹与地球生态承载力做比较。如果生态足迹没有超过生态承载能力即生态有盈余，人类发展具有可持续性。反之，如果生态有亏损，就不具有可持续性。生态足迹带来的好消息是，我们对于实现更可持续的人类发展有了操作性的测量工具。但它也带来一个坏消息，人类的经济增长可以在生物物理有限的地球上永远扩张的美梦将致破灭。

第三部分，说明生态足迹应该怎么用。生态足迹分析是发展规划和管理的一种计算工具，我们可以用生态足迹来估算某特定人口或经济体的资源消费与废弃物吸收，进一步决定生态文明管理的方向是什么，例如计算国家的生态足迹、城市的生态足迹、个人的生态足迹。生态足迹分析的研究结果表明，当前人类总的生态足迹已经超过地球生态承载能力，最近几十年地球生态透支日的时间在不断地提前。更重要的是生态足迹在地球上的分布非常不平衡，发达经济体的生态足迹从国家到人均普遍是透支的，而许多发展中国家的人均生态足迹在地球平均之下。因此地球上的穷富差距不仅表现在经济收入的差距，更表现在生态占用的差距。全球推进可持续发展，就是要在生态足迹分析基础上建立一个全球契约，将不同的国家整合成为人类命运共同体，联合起来去实现一个可持续性的社会。特别是要解除最弱小者承担最大风险的不可持续发展危机，保障社会能够满足每个人的生存与发展，用联合国的话来说就是"不让任何人和任何地方拉下"（Leave no one and no place behind）。

　　研究可持续发展，要琢磨有什么合适的指标可以代替或者补充传统的 GDP 指标。我当初研读这本书就是出于这样的目的。因为有了生态足迹的概念和分析方法，可持续发展的理论有了可视性、定量性、操作性的表达。后来许多年，我觉得只有英国经济学家 Raworth 于 2017 年出版的《甜甜圈经济学》一书具有同样的意义（本书有推荐）。当初买到《生态足迹》这本书的时候，我们正在研究崇明如何超越上海传统发展路径建设世界级的生态岛，生态足迹概念和生态足迹分析方法马上用到了我们的战略研究报告之中。

　　我觉得，我当初研读这本书的两个基本动机，现在仍然存在，并且需要进一步进行强调。第一，可持续发展是人与自然协调共生、环境与发展整合的发展，研究可持续发展需要将经济社会发展与生态环境消耗整合起来，在不超过地球生态承载能力的前提下实现经济社会福祉的最大化。生态足迹是自然资本消耗的物理量指标，虽然不能代替GDP这样的人造资本价值流指标，但是结合起来可以观察可持续发展的成效。这导致我自己在后来的研究中非常强调GDP做分子，生态足迹做分母的资源生产率指标，以及将人类发展指数与生态足迹概念整合起来提出了生态福利绩效概念。第二，面向可持续发展的社会大转型，不仅是发展模式，更是消费模式的变革。发达国家要在保持经济社会福祉的同时降低过度消费，发展中国家要在地球人均生态足迹内提高经济社会福祉。个人的生态足迹是城市、国家、世界的基础，微观消费模式的变革是宏观发展模式变革的基础。

4

《地球：我们输不起的实验室》（1997）

（美）斯蒂芬·施奈德著，地球：我们输不起的实验室。诸大建、周祖翼译，上海：上海科学技术出版社，1998

Stephen H. Schneider, Laboratory Earth：The Planetary
Gamble We Can't Afford to Lose. Boston: Basic Books, 1997

内容简介：本书是美国 John Brockman 公司组织世界著名
科学家撰写的一套反映世纪之交科学前沿问题的《科学大师
佳作丛书》之一，是 1990 年代较早讨论气候变化与人类发展
关系的一本跨学科著作。本书融汇了物理学、生物学和经济
学、政策科学的知识，从气候与生命的进化到温室效应的前
景，全面阐述了地球与人类的相互作用，以及人类解决全球
环境危机问题的各种对策。

作者简介：斯蒂芬·施奈德（Stephen H. Schneider），斯
坦福大学生物系教授和国际问题研究所高级研究员，美国科
学院院士。研究领域涉及气候变化的生态学、经济影响和综
合评估等。施奈德在哥伦比亚大学接受本科和研究生教育，
1971 年获机械工程和等离子物理专业博士学位。因其多年在
学术研究、大学教学、政府咨询、公众演讲中卓越地解读全
球气候变化的研究成果而获麦克阿瑟奖。

一本写在京都议定书之前的书

"对于全球变化和气候变暖问题，如果想看一本既有权威意义又简明扼要、既有科学辨析又有政策讨论的入门著作，那么美国斯坦福大学施奈德教授的这本《地球——我们输不起的实验室》，无疑是值得推荐的书之一。"这是我 2008 年为该书中译本再版写的译者前言开头的一段话。

该书英文原版出版于 1997 年，是一本写在京都议定书之前的对研究全球气候变化有影响的著作。同年联合国在日本京都举行世界首脑会议通过应对气候变化的京都议定书，上海科学技术出版社以最快速度请我们将该书翻译成中译本于 1998 年出版。10 年后 2008 年中文版再版、一年后的 2009 年联合国在哥本哈根举行首脑会议讨论应对气候变化的下一轮发展战略，由此产生了 2015 年联合国应对气候变化的巴黎议定书。16 年过去，本书有关气候变化的科学、经济学和政策评估的解说和讨论仍然因为其前瞻性而有用。就我自己而言，从 1995 年在澳大利亚访学的时候第一次听到有关气候变化和全球变暖的报告，到现在变成研究低碳经济和低碳发展的研究者，可以说本书是具有启蒙性质的书，给我了解全球气候变化的科学与政策提供了一个基础性的框架。下面是当年本书再版写的译者序，可以作为本书的介绍和评论：

过去的 2007 年，因为世界首脑有关气候问题的一系列频繁会议和活动，因为气候变化政府间专家委员会（IPCC）和美国前副总统戈尔一起获得了诺贝尔和平奖，可以说是气候变化年。从 1997 年我们第一次接手翻译施耐德的这本书，到现在准备再版，已经整整 10 年了。头尾之间正好遇到了有关气候变化问题的两个里程碑事件。一是 1997 年联合国在日本京都召开会议，第一次指出人类需要认真面对气候变化问题的挑战，通过了国际社会开始减碳行动的京都议定书；二是 2007 年联合国在印度尼西亚的巴厘岛再次举行气候变化首脑会议，在新的科学资料和政策思考的基础上，讨论了后京都时代国际社会应该采取的路线图。对照 10 年间两次会议的重要内容，可以看到这本 10 万多字的薄薄小书，对于读者了解气候变化问题，有着很大的启蒙价值和思想意义。

阅读本书至少可以获得两个方面的基本信息。其一是有关气候变化问题的科学信息。作为气候变化问题研究的知名学者，作者从地球系统科学的角度描述了气候问题在地球史上的演变，讨论了有关气候变化问题的各种科学观点和依据。虽然人们对于气候变化的科学方面存在着不同的看法，但是通过对各种观点的讨论和辨析，作者指出了科学上有强烈支撑的三个基本结论：一是有相当大的把握可以认为全球变化和气候变暖正在发生；二是地球温度上升的原因很大程度上与人类活动有关；三是地球温度上升将对人类带来正面的和负面的影响。有心的读者如果能够对照 2007 年气候变化政府间专家委员会（IPCC）提出的最新研究报告（AR4），可以看到作者 10 多年前在本书中指出的看法，得到了持续的科学支持和不断的研究深化。

其二是有关气候变化问题的政策信息。作者讨论了不同背景的学者在气候变化政策问题上的不同态度，特别指出了在相信新古典经济学的经济学家和相信自然资本论的生态学家之间存在着的思想对立。作者幽默地概括说：对经济学知道最多的人往往是乐观主义的，但是对环境知道最多的人往往是悲观主义的。这种不同的态度，主要表现在两个问题上：一是由人口、消费、技术这些要素决定的人类经济活动的发展是否已经使得物质增长达到了地球的生态极限；二是地球生态服务的功能是否对人类不重要，或者可以被人类科学技术的发展所替代。乐观主义的经济学家往往对前者采取否定的态度，对后者采取肯定的态度；而悲观主义的生态学家往往对前者采取肯定的态度，对后者采取否定的态度。作为生态学家，作者认为对气候变化及其可能有的负面影响采取谨慎而积极的预防政策才是合理的。因为这是一场我们输不起的行星实验，我们从现在起就必须采取非延缓的负责任的行动。值得指出的是，尽管当前有关气候变化的政策建议仍然存在着尖锐的分歧，但是作者这样的看法正在日益成为国际社会讨论气候变化问题、制定有关政策的占主流地位的思想依据。

作为可持续发展方面的研究者和本书的译者，我们真诚推荐本书。相信读者能够从中获得有关气候变化问题的基本的科学信息和政策信息，能够在了解气候变化相关知识的基础上参与到减缓全球变化和适应气候变暖的行动中去，进而推进 21 世纪的世界向低碳社会发展。

5

《自然资本论：关于下一次工业革命》（1999）

（美）保罗·霍肯等著，自然资本论：关于下一次工业革命。王乃粒、诸大建、龚义台译，上海：上海科学普及出版社，2000

Paul Hawken et al, Natural Capitalism: Creating The Next Industrial Revolution. Boston: Beacon Press, 1999

内容简介：本书指出世界处在一种新的绿色工业革命的前夕，这次革命指望我们转变对商业的传统看法，认识商业对于塑造绿色未来的作用。作者们认为，传统的资本主义忽视了它的最大的资本储备，即所有的经济活动和所有的使生命成为可能的自然资源和生态服务系统。与此相反，自然资本论对这些成本给予了充分的考虑，提出了以提高资源生产率为目标的新工业革命的四个基本原则。

作者简介：保罗·霍肯（Paul Hawken），美国可持续商业的倡导者、教育家和企业家。1993年出版《商业生态学》一书，强调企业发展需要商业价值和社会价值的整合，较早提出了循环经济型企业的概念。

艾默丽·洛文斯（Amory Lovins）和亨特·洛文斯（Hunter Lovins），美国洛基山研究所的奠基人和联合总经理，多年从事可再生能源新经济的研究。曾为国际上几十家领先公司提供咨询，这些公司的效率创新已在世界上赢得了多项大奖。

自然资本论发起新的绿色产业革命

　　1999 年，英文版的《自然资本论——关于下一次工业革命》一书刚一出版，就在欧美学术界、决策层、产业界引起了很大的反响。《第五项修炼》的作者圣吉评论说，如果说亚当·斯密的《国富论》是第一次工业革命的圣经的话，那么《自然资本论》很可能会成为下一次工业革命的圣经。2000 年，我们翻译出版的本书中文版，也同样在国内产生了很大的影响，企业界认为可持续发展战略深入到产业有了更具体的理论与方法，理工院校的教授把它作为重要的教学参考书。下面是我当年推介《自然资本论》的文章，指出该书的变革意义和主要思想有如下方面：

　　当前，可持续发展战略的实施正在发达国家静悄悄地孕育着一场新的产业革命，这场产业革命的理论根据已被一些先行者称为自然资本论（Natural Capitalism）。人类社会当前的经济模式基于 18 世纪发轫的传统工业革命，这种模式一方面严重地依赖于人造资本（表现为机器、厂房、设施等运用自然资本制造而来的物品）的增长，另一方面又以严重地损害自然资本（表现为自然资源的供给功能和生态系统的服务功能）为结果。新的自然资本论认为，经过将近 200 年的工业革命，人类社会的资源稀缺图形已经发生了重大变化：以往，自然资本是富足的而人力是稀缺的；今天，人力不再稀缺而自然资本却是稀缺的。因此人类在走向新世纪的进程中，必须像结束 20 世纪的冷战一样停止经济发展对于自然资本的持续不断的"战争"，需要建立起以自然资本稀缺为出发点的新的经济模式，实现保护地球环境和改进经济效益的双赢发展。概括自然资本论方面的有关研究成果，可以发现走向新的产业革命的历程涉及经济模式和生产模式的四个方面的调整和转移。

1）基于整个系统的减物质化设计。走向自然资本论的第一个步骤，涉及从整个系统着眼的减物质化设计，由此可以大幅度提高自然资源的使用效率和获得较高的经济收益。达到这一目的的关键是进行整体性思考而不是传统的局部性改进。在这个问题上，传统工艺过程由于局限于某个环节而不是整个系统，因此其思想基础是强调报酬递减，即认为要使生产系统资源节约越多，成本就会越高；而基于系统设计的自然资本论的思想基础乃是报酬递增律，即通过对一些影响全局的关键部位的小的改进，可以用较少的投入来达到较大的资源节约和经济效益。精益制造（lean manufacturing）是整个系统思考的例子，它已帮助许多企业戏剧性地提高了自然资源的生产率。

例如，美国 Interface 公司的一家地毯厂需要建立泵送系统，一家大牌欧洲公司运用传统思路提出的设计方案涉及需要安排总共 95 马力的水泵，而 Interface 公司的工程师 J.

Schilham 发现只要做一些微小的设计变化就可以使能源需求减少到仅仅 7 马力。他的再设计不仅可以使系统减少 92% 的能源消耗，建造成本也可以得到大幅度削减。他的成功，就在于基于系统而不是基于局部的生态经济效益设计。例如，他用较厚的管子来代替传统设计中较薄的管子。这样，就厚管子本身来说成本虽然比薄管子要高，但由于产生的摩擦较小因而可以减小系统的能源需求。同时由于只需要使用较小的水泵，因此总的成本是大大降低了。而欧洲公司据于传统思路的设计，虽然在成本上优化了管子本身（采用成本低的薄型管），但却损害了整个系统的生态经济效益。Interface 公司的实例说明，设计理念上的微小变化是怎样导致巨大的资源节约和投资回报的，而它的深远意义则表明自然资本论的基础是对经济和环境问题的整体性思考，这在传统工业革命的专门化时代是不可想象的。

2）模仿自然系统的闭环制造过程。走向自然资本论的第二个环节，涉及企业通过建立闭环制造过程（closed-loop manufacturing），可以从根本上预防废弃物的产生，从而进一步提高生产的效率。闭环制造工艺的中心原理被描述为"废弃物等于营养品"。自然资本论不仅要在生产中大幅度减少废弃物，而且试图从根本上消除掉废弃物的概念。通过建立模仿自然系统的闭环制造工艺，生产过程的任何输出物或者可以通过堆肥等方式转变成为自然营养物，或者可以通过再制造过程转变成为技术营养物。也就是说，排放物或者应该作为营养物无害化地返回生态系统，或者应该作为输入物进入另一个产品生产过程。这样的闭环系统往往被设计成排除任何会引起污染处置成本的物质进入系统，因为等污染物产生后进行处置以防止对自然系统的危害往往较为花钱且有风险。

例如，摩托罗拉公司以前曾用氟利昂来清洗焊接后的印刷线路板，当氟利昂因为危害臭氧层而被查禁后，摩托罗拉开始探索使用像橘皮萃这样的替代物。但是后来证明，重新设计整个焊接系统，以便不需要清洗过程或者根本不需要清洗物质，显然成本要便宜得多。闭环制造工艺不只是理论。事实上，据报道美国再制造工业1996年的总收入已达到530亿美元，大大超过了家用电器、家具、音响、农场和园艺设备等耐用消费品制造业的收入。施乐公司从再制造产生的收益已高达7亿美元，它期望仅仅通过再制造它的新的、完全可再使用的或再循环的复印机生产线就可以再节省10亿美元的成本。更值得注意的是，一些国家的决策者已经采取措施在鼓励整个工业去思考这类生产线。例如，德国的法律使得许多制造商对他们的产品负有终身责任（take back）。日本也正在建立自己的相应系统。

3）从销售产品到提供服务。走向自然资本论的第三个思路，是建立以提供服务为特征的经济模式即服务经济（service economy）。传统制造业的企业模式通常是销售商品，而在自然资本论中价值实现的途径是提供服务。例如，企业不是应该尽可能多地销售灯泡而是应该为消费者提供好的照耀功能。

服务经济的模式蕴含着一种新的价值观，即我们不再把获得物质产品作为衡量富裕的手段，而是希望持续地满足对质量、效用和绩效的不断变化的期望。这样做的最大好处就是减少了物品的过度周转，从而减少了资源消耗，提高了经济效益。

例如，前述生产地毯的 Interface 公司，认识到顾客的目的是在地毯上行走而并不一定要成为地毯的所有者。由于传统上办公楼中的阔幅地毯因为某些部分的老化每十年需要进行更换。而每年有数十亿磅重的地毯更换下来便送往垃圾填埋场，在那里这些地毯持续的时间可以高达 20000 年。为了摆脱这种没有生产效率的浪费的循环，Interface 正在把自己从一个出售和维修地毯的公司转变成为一个提供地板覆盖物服务的企业。不只是 Interface 一家在向服务型的制造公司转型。其他如电梯制造巨头 Schindler 公司宁愿出租垂直交通服务而不是销售电梯，因为出租可以使它减少生产系统中的能耗和维持成本；道氏化学公司宁愿出租溶解服务而不是销售溶剂，因为它可以再使用同样的容器许多次而减少成本。

向服务经济的转移不仅对于企业而且对于整个经济都是有利的。通过帮助消费者减少对象地毯和电梯这样的资本品的需求，通过鼓励供给者延长和最大化物品的价值而不是过多地折腾它们，服务经济将会减少处于传统经营活动中心的资本品流动的无序性，从而有可能减少整个世界经济的变化无常状况。当前，由于消费者的购买决策对于脉动的收入极其敏感，因此资本品的生产往往时而过剩时而短缺。然而在服务经济的有连续性的流动中，这种波动就可以大大减少，从而给企业带来异常受到欢迎的稳定性。

4）向自然资本进行再投资。自然资本论的第四个步骤是向自然资本的再投资。传统资本论的基础是要求企业把收入再谨慎地投入生产性资本之中以维护和扩大再生产。自然资本论则强调经济过程和生产过程必须向最重要的资本形式——人类自己的自然栖息之地和生物资源基础——即自然资本进行再投资。长期以来，人们也许可以忽视经济活动对生态系统造成的危害，因为生态系统还没有退化到对生产造成重要的影响，也没有增加生产的成本。然而现在这种情况正在发生变化。例如，仅仅1998年一年里，剧烈的气候变化就使得世界上3亿人流离失所，造成高达900亿美元的经济损失——比整个80年代所报道的与气候有关的经济损失总额还大。如果人类再不对自然资本进行有强度的再投资，生态系统自然资源和服务功能的短缺就有可能成为影响下一世纪经济繁荣和人类发展的限制因素。

保护地球生态系统和向自然资本再投资方面的短视，不仅直接影响企业的自然资源供给和生态服务的获得，而且会间接地影响企业的收入。许多公司正在发现公众的环境责任意识或者这种意识的缺乏正在越来越严重地影响着他们的销售。例如，被环境保护者视为氟利昂使用者象征的MacMillan Bloedel公司差不多一夜之间就失去了它5%的销售额。许多事例表明，在帮助保护环境方面积极实施转变的公司往往有机会在市场上获得某种难以相信的竞争优势，而那些被认为在环境上不负责任的公司则有可能失去它们曾经有关的特权和合法性。在自然资本论看来，即便企业声称遵循可持续发展的理念，但如果它的战略是有误的，它也可能会遭遇到公众对它的产品的强硬的抵抗，从而影响了它的经济竞争能力。

今天再读《自然资本论》一书，我仍然觉得它有关一场绿色新工业革命的说法具有前瞻性。个人感悟有两个重要的思想点和收获。一是我多年研究科学革命与工业革命的关系，研究科技创新与世界经济长波的发生发展。从这本书开始，我对可持续发展的研究趋向深入，从最初看作是一个全新的思想革命和科学革命，进入到要引发一场世界性的技术革命和产业革命。这为我后来研究循环经济和低碳经济带来了持久不懈的动力。二是觉得中国有机会有作为，可以乘势而上在新的自然资本论和绿色经济革命的意义上实现现代化，同时成为新发展的领头羊。最近十多年来，中国式现代化强调是基于生态文明和绿水青山就是金山银山的新型现代化，中国基于新能源技术的新三大件即光伏产品、电动车、锂电池三件在世界市场上占据主导地位，就是中国经济社会发展全面绿色转型的先声。

《强与弱：两种对立的可持续性范式》（1999）

（英）埃里克·诺伊迈耶著，强与弱：两种对立的可持续性范式。王寅通译，上海：上海译文出版社，2002

Eric Neumayer, Weak Verus Strong Sustainability：
Exploring the Limits of Two Opposing Paradigms. London：
Edward Elgar, 1999

内容简介：作者以客观中立的角度探讨可持续发展研究的两种学术范式——基于新古典经济学的弱可持续性范式与基于稳态经济学的强可持续性范式。本书研究了两种范式不同的政策意义，探讨了两种范式衡量可持续性的不同的测量指标。这些问题是可持续性研究中最为基础的部分，决定了可持续性研究能否在一个合理、有效的基础上进行。本书对于所有关注可持续发展的人士都有重要意义。

作者简介：埃里克·诺伊迈耶（Eric Neumayer），英国可持续发展研究专家，伦敦政治经济学院环境与发展教授，Grantham 气候变化与环境研究所研究员。该书 1999 年出版后在学术界和政策层引起较大的反响，2003 年和 2010 年分别出版了第二版和第三版。

强可持续性是真正的可持续发展

现在回过头去看,觉得2001年在上海译文出版社的支持下主持翻译绿色前沿译丛,在精选的10本书中把出版不久的《强与弱》(1999)这本书放进去是非常明智的。这本书目前已经更新再版到第三版,对研究可持续发展问题的国内外人士已经普遍认识到这本书区分可持续发展的两种范式对于学术讨论和政策架构的重要性。现在大家谈论可持续发展很多,但是用心钻进去了研究的人,才知道可持续性有强与弱两种不同的理论范式,而真正的可持续性发展是要建立在强可持续性范式基础之上的。

我最初撰写可持续发展的论文,也不知道两者的区分。1999年读到戴利的《超越增长》一书才知道强可持续性才真正具有变革意义。后来很快注意到同年出版了《强与弱》这本新书,感到它对两种范式作了非常深入的辨析和讨论,马上决定要把它纳入我主持的译丛之中。后来该书两次修订再版,我又如饥似渴地从Edward Elgar出版社搞到了2003年的第二版和2010年的第三版。强可持续性范式的倡导者戴利——这个在本书中被反复引用和遭到评论的学者——评论本书时说:"作为诺伊迈耶试图以中立的态度进行讨论的忠实的参与者,不能期望我完全同意本书所说的内容。然而这本书是很值得一读的,因为他常常富有洞察力地讨论非常重要的课题，而且他对参考书目的广泛详尽引述，令人钦佩"。

本书有洞察力地指出，区别两种范式的关键问题是自然资本能否被人造资本所替代。弱可持续性（weak sustainability 或 WS）的观点认为人造资本与自然资本能够长期替代，强可持续性（strong sustainability 或 SS）的观点认为不能。本书作者认为，科学无法毫不含糊地认可两种范式中的任何一个，但也无法证明任何一个是绝对的谬误。本书探讨了两种范式的局限性，认为虽然没有一个范式普遍正确，但是某些形式的自然资本不可替代这一观点是可信的，同时得出结论说弱可持续性范式有关可持续性可以用货币度量的看法需要谨慎。

本书首先对两种范式的学科来源和基本特点进行了描述。弱可持续性范式可以理解为新古典经济学在环境与发展问题上的运用和延伸，在肯定自然资本可替代性的基础上，增添了一项要求即总的资本价值不随时间推移而下降，可以用货币指标对可持续性进行衡量。强可持续性范式主要基于1960年代发展起来的生态经济学特别是美国经济学家戴利的稳态经济学，包含两个有针对性的观点。一是在要求总的资本价值不下降之外，还要求自然资本的价值不可减少，甚至保存某些形式的自然资本的实际存量不可减少。二是认为可持续性不可用货币指标进行衡量。

对于自然资本的可替代性，本书认为从严格的意义上来看，两个可持续性范式都不是无根据的。但是强调完全的可替代性或者强调完全的不可替代性，都不能从科学研究中得到明确的支持。科学看起来在经济的资源输入端（source）更多地支持弱可持续性，而在经济的污染吸纳端（sink）更多地支持强可持续性。因此虽然没有一个范式普遍正确，但是某些形式的自然资本不可替代，这一观点是可信的（现在的说法是关键自然资本不可替代，例如气候变化、生物多样性等地球的生态服务功能）。此外，就像在任何范式争论中都可以见到的那样，相信强可持续性范式还是弱可持续性范式，对于两者争论中的关键问题即替代可能性和技术进步等的看法，很大程度上取决于基本信念。

对于可持续性的测量问题，本书认为任何实际的度量都不可能包含资本的每一种形式。因此，弱可持续性范式用货币作为测量可持续性的方法如绿色 GDP 等，存在着根本性缺陷，在政策实际中应该谨慎应用。就度量强可持续性而言，人们必须等待某种全面的应用研究，才能确定它们有多大可靠性。

本书把全球气候变化作为判断强与弱两种范式说服力的重要案例进行研究。指出目前在气候变化经济学中占主导地位的新古典经济学或弱可持续性范式，用二氧化碳少量减排应对气候变暖的建议会令人误入歧途。弱可持续性的建议围绕着降低折现率还是提高折现率，而真正的分歧应该是自然资本是否具有不可替代性而不是折现的大小。如果人们接受可替代性假说，那么提出降低折现率将导致伦理上模糊的结论，导致前后不一致和低效率的政策。反过来只有在某种程度上认为地球气候这样的关键自然资本不可替代，那么要求大量削减温室气体排放才是有道理和有效率的。

记得当初推荐翻译本书有两个出发点，我觉得现在仍然非常重要，并且可以加上第三个新思考。一是研究可持续发展，区别强可持续性范式与弱可持续性范式具有前提意义。弱可持续性范式是对传统增长主义的微调和修正，并没有改变人造资本不可替代关键自然资本的基本假定，因此坚持经济增长没有物理极限。强可持续性范式是对发展范式的根本性变革，要求在关键自然资本不可替代的情况下，追求地球物理极限内的经济社会繁荣，因此从传统的经济增长到可持续发展需要基本信念的转化。二是对于气候变暖这样的重大全球问题，用不同的可持续性范式将会导致不同的发展战略和发展政策。事实上从 2015 年巴黎议定书开始，人们要求大幅度的碳减排直至最后实现碳中和，我们已经看到了世界越来越需要在强可持续性的范式内应对气候变化。最近读到一个参与联合国气候变化谈判多年的英国经济学者兼外交官写的一本书《气候变化五倍速》(2023 年英文原版，中国科学技术出版社 2024 年中译本)，说主流经济学家在气候变化问题上提出的建议"比无用更糟糕"。三是 20 多年过去，现在也许可以加上研读本书的第三个收获和建议。中国与美国分别是世界上最大的发展中国家经济体和最大的发达国家经济体，各自的经济社会发展采取什么样的模式对世界未来可持续发展具有根本性的影响。中国 2021 年开始进入建设社会主义现代化强国新阶段，特别强调要在生态文明基础上从高速度增长转型高质量发展，这是表明要走在生态环境红线内实现人与自然和谐共生发展的强可持续性发展道路。

7

《增长的质量》（2000）

维诺德·托马斯、王燕著，增长的质量。北京：中国财政经济
出版社，2001

Vinod Thomas & Yan Wang, The Quality of Growth. Washington D.C.: World Bank, 2000

内容简介: 本书是世界银行千禧丛书之一,曾被译为 10 种语言在多国出版。在世纪之交,世界盘点着发展的成就和挑战,并重新思考发展的本质。本书着眼于提高经济增长的质量,关注经济增长在环境可持续性、社会可持续性以及更好的治理等方面的进步。本书建构了一个面向可持续发展的政策分析框架,有助于世界各国应对经济、社会、环境等方面的挑战,更加注重增长的质量而不是数量。

作者简介: 维诺德·托马斯(Vinod Thomas),新加坡国立大学李光耀公共政策学院客座教授,曾任世界银行独立评估局局长和高级副行长。2000 年提出包括人力资本、物质资本、自然资本三个方面的增长质量政策框架。

王燕,北京大学国家发展研究院高级研究员、国际金融论坛研究院副院长。曾在世界银行担任高级经济学家和项目组负责人长达 20 年,研究成果两次荣获"孙冶方经济科学奖"。

从增长速度到发展质量

既不同于纯理论的波尔型研究，也不同于纯实务的爱迪生型研究，可持续发展的研究属于理论与实务整合的巴斯德型研究。一个方向是从实务到理论，要讨论增长与发展的区别，讨论自然资本是不是可以被人造资本和技术替代等基础性的问题；另一个方向是从理论到实务，讨论可持续发展的理念如何转化为制度设计，发展战略如何从关注经济增长到关注人的福祉等政策性的问题。在1992年确立可持续发展战略后的最初十年间，学术性和理论性的代表作主要有《超越增长》（1996）和《强与弱》（1999）等，实务性和政策性的著作中有影响的，除了《自然资本论》（1999），可以认为是世界银行2000年推出的这本《增长的质量》。

《增长的质量》是世界银行千禧丛书之一，2000年出版后被译为10种语言在多国流传。1992年世界各国接受可持续发展战略以来，"20世纪90年代意味着一个世纪和一个千年的终结，是一个全面回顾人类发展状况的阶段"。早期的发展概念是以"物"为中心，强调以GDP为中心，强调一个国家或地区内物质生产和服务总量的增长。而人类发展战略则是以"人"为中心的发展战略。世界银行在发展政策层面予以跟进，首先是1999年世界银行总裁沃尔芬森发表《关于综合性发展框架的建议》，提出了以人的福利为目标、发展多种

资本的综合发展框架（CDF），然后在 2000 年出版了由 Vinod
Thomas 等人撰写的《增长的质量》一书。2002 年党的十六大
以来我国推出科学发展观，我写文章作报告强调科学发展观
不仅是中国发展的需要，而且与国际发展思想和发展战略的
转变是一致的。

　　生态经济学或强可持续性范式，通常强调增长是经济社
会系统物理量的扩大，发展是经济社会系统为人类提供的效
用和福祉。《增长的质量》没有严格地从学理上区分增长与发
展，但是全书的中心内容是强调要从关注增长的速度转移到
关注发展的质量。该书的主要创新，是以可持续发展和人的
发展为目标，以经济、社会、环境、治理四个支柱为内容，
建立了一个三层次的发展政策框架。该书强调新发展观有三
个基本原则：一是要关注于所有的资本，即有形资本、人力
资本和自然资本；二是要时时关注分配方面的问题；三是重
视良好治理的机构性框架。其中特别要求把治理概念引入可
持续发展，指出治理结构是指廉洁、高效的政府，有效的法
律体系和司法系统，组织良好、监管有力的金融体系，良好
的社会安全网。该书要求的发展观的主要变革可以归纳为下
列四个方面：

　　（1）在发展目标上，从以物为本到以人为本。综合发展
框架强调，发展就是改善人民的生活质量，就是提高他们构
建自己未来的能力。这通常需要提高人均收入，但它还涉及
更多的内容。包括：更平等地享有受教育和工作的机会，更

高水平的性别平等，更好的健康和营养状况，更清洁和可持续程度更高的自然环境，更公正的司法体系，更广泛的公民和政治自由，以及更丰富的文化生活。

（2）在发展内容上，从关注人造资本到关注综合资本。综合发展框架强调，为了提高增长率，人们长期以来大多关注的是有形资本的累积。但其他关键的资产包括人力资本、社会资本和自然资本等也应当关注。这些资本对穷人来说也是至关重要的。这些资产的累积，技术进步和劳动生产力加上传统的有形资本，对解决贫困问题具有决定性和长期性的影响。

（3）在发展分布上，从关注总量发展到注意分配问题。综合发展框架重视发展的质量带来的增长进程中分配问题的重要性。更平等地分配人力资本、土地和其他生产性资本意味着更平等地分配收入机会，意味着强化人民利用技术优势和创造收入的能力。这可以解释为什么在教育机会分配更平等的国家和地方，既定的增长率却可以带来更佳的减贫成果。

（4）在发展动力上，从政府推动到社会治理。治理有方的机构性结构是为促进经济增长所做的一切工作的基础。政府机构的有效运转、法规框架、公民自由以及确保法律规章和民众参与的制度的透明度、责任感，对于经济增长和发展而言都是重要的。

《增长的质量》初版至今已经20多年，2017年该书更新修订出版了第二版，两个原作者强调这次更新和修订的主要对象是中国读者。我觉得这样的考虑与当前中国从高速度增长向高质量发展的经济社会发展转型是一致的。中国从1978年改革开放开始到2060年实现碳达峰，80多年的发展粗略地可以分为两个40年。1978年到2020年完成全面小康社会建设目标的第一个40年是中国的高速度增长期，从2021年到2060年实现碳中和的第二个40年是中国的高质量发展期。第一个40年，中国高速度增长满足了老百姓的物质生活需求，但是中国增长的"经济奇迹"伴随着对资源环境影响的增大和社会发展的不平衡。第二个40年需要通过高质量发展，实现中国发展的"绿色奇迹"，满足人民日益增长的美好生活需求。从2021年开始，中国建设社会主义现代化强国的五位一体目标，概括起来是10个字，即富强、民主、文明、和谐、美丽。在这个背景下，研读《增长的质量》提出的综合发展框架是有价值的。

按照本书有关以人类福利为目标的新发展观，为了提高发展的质量我们需要在下列三个方面进行政策升华与变革：（1）在资产的积累和使用方面，要确保穷人需要拥有的三种资产即人力资本、自然资本与实物资本，减少以往只考虑有形资本发展的政策扭曲，要以重视和充分投资于自然资源和人力资本等方式作为对市场的补充。（2）在规章制度框架方面，要确保采取效率与公平结合的规章制度框架而不是放慢市场化的进程，需要强调分配的重要性，为教育、卫生健康和机会的更平等分配建立支持性的体制机制。（3）在良好的治理结构方面，要提高公众参与发展的机会和水平，而不是削弱政府的政策和能力，要提高公共机构的责任心，要促进反腐败以及积极地吸引私营部门的参与，同时要为政策变革开展能力建设。

8

《从摇篮到摇篮：循环经济设计之探索》（2002）

（美）威廉·麦克唐纳、迈克尔·布朗嘉特著，从摇篮到摇篮：
循环经济设计之探索。中国 21 世纪议程管理中心等译，上海：同
济大学出版社，2005

W. McDonough and M. Braungart, Cradle to Cradle: Remaking the Way We Make Things. New York: North Point, 2002

内容简介：本书从樱桃生长切入阐述了什么是循环经济的模式。樱桃树从周围的土壤中吸取养分，使得自己花果丰硕，但没有耗竭环境资源。相反，它用撒落在地上的花果滋养周围的事物。这不是一种物质流单向地从摇篮到坟墓的线性经济，而是一种物质流闭合的"从摇篮到摇篮"的循环经济。本书提出了技术性营养物和生物性营养物的概念，认为可以很好地用于循环经济的设计和实践。

作者简介：威廉·麦克唐纳（William McDonough），美国建筑师。1994年至1999年任弗吉尼亚大学建筑学院院长。1999年《时代》杂志称他为"世界英雄"，指出"他的乌托邦理想方案以一种统一的哲学体系为基础，无论是在论证还是在实践中都正改变着世界"。1996年，他因对可持续发展的贡献而获得美国总统奖，这是美国颁发的环境方面的最高荣誉。

迈克尔·布朗嘉特（Michael Braungart），德国化学家。德国汉堡环境保护鼓励组织（Environmental Protection Encouragement Agency, EPEA）的创始人，绿色和平组织化学部门的主管。他从1984年起在世界各地的大学、公司、协会等作报告，阐释生态化学和物流管理方面的全新观念。布朗嘉特获得过海因茨基金、W. Alton Jones基金会和其他组织授予的多项荣誉和奖励。

技术性循环与生物性循环

研究和实践循环经济，如果要了解国外具有奠基性意义的著作是什么，我一般会推荐瑞士学者施塔尔（Stahel）写的《绩效经济》（本书后面有介绍）和这本《从摇篮到摇篮》。两本书的体系架构和思想原则各有特征，相互之间具有互补性。《从摇篮到摇篮》更多环境意义，《绩效经济》更多经济意义，整合起来强调循环经济要通过物质流的多循环闭合创造经济价值减少环境影响。有趣的是，作者都有工程师背景，施塔尔和麦克唐纳是建筑师，布朗嘉特是化学工程师。这看起来证明了，循环经济这样的实用性很强的概念，不是在黑板上写公式、在论文中讲模型的理论经济学家可以搞出来。事实上，麦克唐纳和布朗嘉特就是因为1991年携手合作，给汉诺威世博会写了"汉诺威原则"，并且在1992年里约会议的世界城市论坛上发表，而逐渐形成了他们的从摇篮到摇篮的理论，以此区别传统工业经济从摇篮到坟墓的做法。

搞循环经济这些年，我与作者麦克唐纳和布朗嘉特有过多次交往。我与麦克唐纳曾经是达沃斯世界经济论坛循环经济原理事会的成员，与布朗嘉特在2010世博会荷兰馆一起作过主旨发言。与他们一起讨论《从摇篮到摇篮》这本书，我说最有意思的是三个方面：

一是批评传统的 3R 原则。3R 原则即"reduce，reuse，recycle"，中文通常翻译为减量化、再利用、资源化，多年来在学术界和政策层一直属于环境管理的基本原则。循环经济概念兴起之初，也被认为是循环经济的基本原理。但是本书对 3R 原则及其滥用提出了批评。他们说传统工业经济是在生产产品中附加有害物质的过程，例如大量生产和消费的一件聚酯纤维衣服和一只普通的饮水瓶，都含有一种有毒重金属即锑，它们在某些情况下能够致癌。将 3R 原则用于这种情况，而不是从根本上改变物质材料，最多只是减少一些破坏，而不是避免甚至堵截破坏。减量化和再利用，可以减少一些工业有毒物质的生产和排放，看起来提高了工业经济的绿色程度，但是充其量只是放慢了破坏的速度。其实研究已经证明即使是很微量的有毒物质，也会给人类和地球带来灾难性的后果。资源化即对废弃物进行再生利用，貌似工业界和消费者对环境做了改善，因为成堆的垃圾可以不用去焚烧和填埋了。但是事实上，在很多情况下，这些废弃物及其所含有的有毒物质只是被转移到了另一个地方，继续在给人类和地球施加负面影响。

二是区分生态效率和生态效益。在批评 3R 原则不是循环经济的基础上，该书的解决方案是建议用生态效益的概念替代生态效率的概念。生态效率（eco-efficiency），是在传统工业经济的基础上用 3R 原则作一些减少破坏的效率改进，这看起来貌似循环经济，其实不是真正的循环经济。因为生态效率只是使工业这个古老的破坏性系统减少一些破坏而已，在一些情况下，它甚至更有害，因为它对环境的影响是微妙的和长期的。发展循环经济，我们真正需要的是生态效益，即从根本上去除废弃物及其含有的有毒有害物质。对传统工业经济的变革不仅要从摇篮到坟墓变成从摇篮到摇篮，而且要对原材料进行环境无害的选择。如果把管理大师德鲁克的说法用于讨论循环经济，那么生态效率是对旧工业经济进行微调和改进，是正确地做事情，属于传统工业革命浅绿色的范畴；生态效益是要对旧工业经济进行变革与创新，是做正确的事情，属于新工业革命深绿色的范畴。在生态效益的前提下做生态效率的改进，即正确地做正确的事情，才是循环经济作为可持续性新经济的发展方向。

三是提出技术性循环和生物性循环。在生态效益的基础上，他们提出了循环经济的两种基本形式。技术性循环或工艺新陈代谢，指的是能够返回到工业循环和工艺代谢中的材料或者产品，技术性循环可以通过对原材料的特别设计以保证多次使用而不降低其高品质。他们对此进一步提出了增加升级循环或上向循环（up cycle）减少降级循环或下向循环（down cycle）的建议。例如，电脑的塑料外壳继续当作外壳循环使用，而不是降级循环制成隔音障或花瓶。技术性循环的高级形式是产品服务，强调不是所有产品（例如汽车、电视、地毯、电脑、冰箱等）都需要消费者购买、拥有和处置，而是要设计成为消费者购买在特定使用时段的服务。生物性循环或生物新陈代谢，指的是能够返回到生物循环的材料或者产品，例如大多数包装产品，它们占了城市固体废弃物排放量的大约50%，应该设计成为生物性循环，目的是让这些消耗品在使用结束后能够回到土壤中或者通过堆肥安全彻底地被生物降解。他们提出的两种循环的概念有创意，后来艾伦麦克阿瑟基金会（EMF）和麦肯锡合作，在此基础上作循环经济模型的整合研究，由此形成了现在众所周知的循环经济蝴蝶图。

向国内读者推荐研读《从摇篮到摇篮》这本书，我觉得最有意义的是两个方面。一个是不能把基于3R原则和生态效率的循环经济当作真正的循环经济，特别是不能把废弃物回收利用的垃圾经济当作循环经济。倡导循环经济，我们的最终目的是要发展物质无废无毒闭路循环的深绿色新工业革命，而不是对旧工业革命作少一些破坏的浅绿色修正。第二个是要认识到用3R原则搞循环经济只是一种现在的过渡状态。我研究循环经济，特别强调要在技术性循环和生物性循环的基础上，要对原来的基于传统工业经济的3R原则进行改造创新，发展成为有绿色新工业革命意义的三种循环，即在输入端将物质减量化原则发展成为不卖产品卖服务的服务循环，在使用端将产品再利用原则发展成为延长产品寿命周期和再制造的产品循环，在输出端将垃圾资源化原则发展成为上向回收利用提高经济价值的废弃物循环。

9
《生态经济学——原理与应用》（2004）

（美）赫尔曼·E. 戴利、乔舒亚·法利著，生态经济学——原理与应用。徐中民等译，郑州：黄河水利出版社，2007

Herman E. Daly & Joshua Farley, Ecological Economics—Principles and Application. Washington D.C.: Island Press, 2004

内容简介：本书呼吁经济学应回归其出发点，应指向提高当代及后代人的生活质量。本书作者接受过标准的新古典经济学的训练，但是后来成为以强可持续性为指导观念的生态经济学的倡导者，强调生态经济学是可持续性发展的经济学或科学与管理。这本开创性的著作确定了生态经济学的研究框架，用与新古典经济学分类对照的方式，对该领域的总体研究状况进行了系统的阐述。

作者简介：赫尔曼·E. 戴利（Herman E. Daly），美国生态经济学家，国际生态经济学学会的主要创建者之一。1967年在范德比尔特大学获经济学博士。1973年受聘为路易斯安那州大学教授，1988—1994年任世界银行环境部高级经济学家，1994年后任马里兰大学公共事务学院教授。他曾获得瑞典、荷兰、挪威、意大利等国家的绿色大奖，包括"另类诺贝尔奖"。

乔舒亚·法利（Joshua Farley），美国佛蒙特大学社会发展和应用经济学系副教授。在康奈尔大学获农业、资源和管理经济学博士学位。在巴西利亚大学与戴利共事时，第一次接触到生态经济学，此后开始从事生态经济学的研究。曾任马里兰大学冈德生态经济学研究所执行主任。他的教学重点是跨学科解决应用性问题，他用大量案例证明未管制的自由市场经济体系不能有效合理地配置生态资源。

可持续发展经济学如何不同于新古典经济学

这是我在这本导读书中介绍的唯一一本具有教科书形式的书。搞学术作研究,我有一个习惯,研究某个问题手头一定要有一本该领域权威性的研究性教科书。研究可持续发展,我觉得强可持续性范式的倡导者戴利和其他同行2004年撰写的《生态经济学——原理和运用》属于这样的类型。我搞可持续发展的理论与政策,这本书是常翻书,遇到问题,就会打开这本书看看生态经济学与新古典经济学的思维方式有什么区别。在国际上,生态经济学被认为是可持续发展的经济学或科学与管理,讲述强可持续性范式的理论、方法与政策。但是国内大多数生态经济学的书,不是这样的研究框架,主要是分门别类讨论生态环境中的具体问题,分析的理论和方法常常来自传统经济学。

本书有一个可以与传统经济学进行对照的叙事框架,一共包括六个部分。第一部分生态经济学导言,解释生态经济学与传统经济学的区别,提出经济学研究要讨论的三大问题,即可持续规模、公平分配和高效配置,在区分目标和手段的基础上区分了整合生态学和经济学的三种策略。第二部分包容性和支持性的生态系统,区分了存量—流量资源和资本—服务资源的概念,指出地球正在从空的世界走向满的世界。第三部分至第五部分,从生态经济学的角度解读微观经济学、宏观经济学和国际贸易的主要问题，指出要扩展这些理论框架，以更符合可持续发展的实践需要。第六部分是政策设计，分别讨论了影响可持续规模、公平分配和高效配置的政策选择，最后的展望部分重新思考了生态经济学的伦理假设。我强调这是一本研究性的教科书，是因为它的形式是教科书，内容却是研究性和讨论性的。基于戴利这本书对于全面理解原来的生态经济学或现在的可持续发展经济学（后面统称为可持续发展经济学）的重要性，这里我用较为详细的篇幅，从视角、微观、宏观、开放、政策等五个方面，指出它们的主要观点及其与新古典经济学的差异。

区别一：可持续发展经济学的研究视角

可持续发展经济学与新古典经济学在核心观念或研究视角上的区别，从根本上表现在是否认为经济社会是生态环境的子系统，由此决定了可持续发展经济学在前提、背景、内容等问题上不同于新古典经济学的特征。

（1）理论前提的差异。如何认识经济系统与生态系统的关系，是经济学思想上三种范式的重要区别。如果说经济学创立时期的古典经济学多少是主张经济增长依赖于生态系统的，那么到了20世纪的新古典经济学那里，经济学的研究已经变成脱离生态系统的纯粹有关市场价格和价值的学问。主流经济学把经济系统看作是游离于生态系统之外的孤立系统，这样就不可能产生经济增长具有物理极限的思想，因为这样的物质扩张被认为没有替换任何东西，因此是没有任何生态系统的机会成本的。而 1970 年代以来崛起的生态经济学，是要在新的高度上特别是从热力学定律的角度重建经济系统与生态系统的关系，在此基础上反思以前得出的许多经济学结论。可持续发展经济学认识到经济系统是生态系统的亚系统，并且认识到生态系统基本上是封闭的（只有能源的进出），而经济系统是在物质、能源输入和污染排放方面均依赖于生态系统的开放系统，即生态系统具有经济系统物质流的源（source）和汇（sink）的作用。因此，一方面，经济系统不可能超越母系统的规模而发展，即经济增长的物质规模是有生态极限的（所谓最大规模和生态门槛问题），在极限之内的物质扩展是可持续的，而在超越极限之后的物质扩张则是不可持续的。另一方面，经济增长的物质扩张是有生态方面的成本的（所谓最佳规模和福利门槛问题），边际收益大于生态方面的边际成本的增长是经济的，反之则是反经济的。

（2）时代背景的差异。主流的新古典经济学家通常认为人造资本是稀缺的而自然资本是不稀缺的，因此经济学的研究重点是解决人造资本的稀缺问题。虽然这个看法对于过去 200 多年工业革命时期的经济增长是合理的，但是在经济增长一定程度上缓解了人类人造资本的短缺的时候（当然这种缓解在发展中国家和发达国家之间的分配是不均衡的），却出现了全球意义上的自然资本及其服务的短缺问题。而且，随着传统经济增长模式的持续，自然资本的短缺在严重加剧。这就是可持续发展经济学的主要理论家戴利所说的从自然资本富裕的"空的世界"进入了生态环境约束的"满的世界"。而崛起中的可持续发展经济学就是要解决来自自然资本的新的稀缺，在保持生态系统非退化的条件下提高社会福利和生活质量，即所谓从物质扩张下的经济增长走向物质稳定状态下的人类发展，从追求"更大的经济"到追求"更好的经济"，因此可持续发展经济学也被戴利称为稳态经济学（SSE，Steady-State Economics）。可持续发展经济学的以上观点得到了当代气候变化问题的强烈支持，由于人类经济增长的二氧化碳已经超越了地球生态系统的承载能力，因此需要各国采取行动以低碳的方式实现经济社会发展，这是 2003 年以来国际社会提出低碳经济的理论基础。而新古典经济学在低碳发展上的有关解释是相当软弱的。

（3）研究内容的差异。经济学通常被定义为"研究将稀缺的资源有效地进行配置以实现人类目标的学问"，或如戴利所说"是一门研究在可选择的、竞争性目标间配置有限或稀缺资源的学科"。具体地说，经济学研究包含了三个基本问题，即：我们希望达到什么目标（到哪里去，ends）；达到目标需要哪些有限的或稀缺的资源（有什么资源，means）；哪些目标是需要优先考虑的以及怎样为这些目标配置资源（采用什么政策去转化，policies）。尽管这个界定对于可持续发展经济学和新古典经济学是通用的，但是前提和背景上的差异决定了两者在三个基本问题上的差异。

一是目标的差异。新古典经济学的目标是全力促进经济增长和市场性福利，次要地考虑社会公平分配问题，基本不考虑经济增长的生态规模问题，因此经常引起经济增长与社会分配、生态规模的严重冲突。可持续发展经济学的目标是市场性福利和非市场性福利的全面提高，因此它要考虑经济增长、社会福利、生态规模多个目标的平衡。简言之，新古典经济学的重点是经济增长，而可持续发展经济学的重点是福利发展。这里，可持续发展经济学把增长定义为"规模数量或物质吞吐量的增加而不是市场价值量的增加"，发展定义为"在一定的吞吐量下物质和服务质量的提高"。按照新古典经济学，经济的物质增长是可以无限的；但是按照可持续发展经济学，物质增长是有限的而发展才是可以无限的。

二是手段的差异。新古典经济学中的手段主要是指包括劳动、资金和技术等形式的物质资本，认为经济增长的不同资本之间是可以相互替代的，例如技术改进可以替代自然资源的稀缺。可持续发展经济学中的手段包括了物质资本、自然资本、人力资本和社会资本，强调物品性和服务性的资本相互之间有一定的互补性即不可替代性，而互补性资本的任何一样稀缺都可以限制持续的增长。

三是政策的差异。新古典经济学主要研究如何有效配置人造资本使它们促进经济增长，因此强调基于效率的市场机制与价格政策。可持续发展经济学由于包括了市场型资本和非市场型资本，因此不认为市场是经济社会发展的唯一机制，提出了包括市场机制、政府规制、社会信托在内的系统的政策体系，因此既不是单一的强调政府规制，也不是单一的强调市场主导，为从市场一元和政府一元论走向政府、市场、社会三方合作的良好治理体系提供了理论基础。

区别二：可持续发展经济学的微观观点

新古典经济学对于市场型物品和服务的特征有详细的研究，但是对于非市场物品和服务的特征则缺少深入研究。针对这些问题，可持续发展经济学在微观经济学方面的特点就是把自然资本等非市场物品引入生产函数，在此基础上对不同的资本提出了不同的配置策略。

（1）可持续发展经济学中的自然资本。可持续发展经济学对自然要素的描述需要用到下列三组观念，由于这些属性与传统的市场物品不一样，因此认为不能简单地运用主流经济学的市场手段来进行配置。

一是物质原料或流量资源和加工工具或服务资源的区别。可持续发展经济学认为，传统上的生产要素按其在生产和消费中的作用需要分为两类。一种是作为被转化的物质原料，例如做面包或匹萨的面粉、蛋、肉等（亚里士多德的物质原因，或罗根的存量—流量资源）；另一种是加工这些原料的工具（亚里士多德的效率原因），或罗根的基金—服务资源（fund-service）。这样的区分对于理解替代性和互补性是非常重要的。例如，物质原料短缺不可能用加工工具来进行替代，这是像"巧妇难为无米之炊一样"的道理。

二是排他性和竞争性。排他性是指资源的所有权只允许所有者使用而拒绝其他人使用的资源，如果没有制度或技术条件使物品和服务能够具有排他性，那么就是非排他资源。竞争性是指某人对这些资源的使用会排斥其他人的使用，如果一个人对它的使用不影响他人的使用那么就是非竞争性资源。由于新古典经济学对排他性的资源作了充分的研究，因此可持续发展经济学要重点通过研究非排他、竞争性的公地资源物品（common pool goods）和非排他、非竞争性的纯公共物品（collective 或 public goods），来完善经济学的思考，因为靠市场力量无法提供和有效地配置这些物品和服务。

三是互补性和替代性，替代性是资源之间的相互替换关系，互补性是资源之间的相互依赖关系。例如，私人汽车和公共交通之间是可以替代的，而由于汽车使用依赖于道路建设，因此道路则是汽车的互补品。一般地，新古典经济学强调自然资本与人造资本相互之间是可以替代的，因此减少自然资本增加人造资本只要资本总和增加就是可持续的；但是可持续发展经济学指出，虽然不是所有自然资本均不可替代，但是有些关键自然资本例如环境容量等是无法替代的，因此可持续性的要害是要求这些关键自然资本在经济增长是非减少的。

根据以上三组概念，可持续发展经济学将自然资源划分为非生物和生物资源两个大类。前者进一步包括化石燃料、矿物、水、土地、太阳能等5个类型，后者进一步包括可更新资源、生态系统服务、废物吸收等3个类型，统称它们为经济增长的自然资本。通过粗略评估人类经济增长对自然资源的依赖以及各种资源的属性，可以发现20世纪70年代以来我们已经开始进入自然资本消耗超越地球承载能力的"满的世界"，经济规模不断扩大正在导致日益增加的生态成本。而在生态成本中，过去人们主要担心的是不可再生资源和可再生资源的枯竭问题即"源"的问题，但是现在限制经济增长的重要因素已经扩大到环境对于废物的吸收能力即"汇"的问题。当前的所谓低碳发展，不仅是强调源意义上的化石能源消耗在日益挑战地球承载能力，更是强调汇意义上的二氧化碳排放已经超过了地球承载能力。

（2）重新界定生产函数和效用函数。可持续发展经济学从要素的不可替代性出发，对传统意义上的生产函数和效用函数做了重要的调整。

一是对生产函数的调整。生产函数是表示生产要素的投入如何转变为产出的关系式。在新古典经济学那里，生产函数通常表示为：$Q=F(K, L)$ 或修改后的 $Q=F(K, L, N)$。其中，Q 表示产出，K 表示资本，L 表示劳动，N 表示总体上的自然资源。这样表述的生产函数通常有两个局限。其一，由于通常采用的分析公式是 $Q=F(K, L)$，因此大多数情况下忽略了自然资源，即认为产出就是劳动和资本的函数。这里的问题在于严重忽略了存量—流量和资助—服务的区别，好像劳动和资本本身可以转化为物质似的，实际上劳动或资本是转化的媒介（效率原因），自然资源才是转化的对象（物质原因），没有后者是不可能产生经济增长的。其二，即使把自然资源纳入生产函数如 $Q=F$（K, L, N），也把它们看作是可以完全替代的（表现为乘法形式，如 $Q=K^{\alpha}L^{\beta}N^{\gamma}$），实际上作为资源的生产要素与作为服务的生产要素之间是不可替代的。针对上述两个方面的局限，可持续发展经济学将生产函数表示为：$Q=F$（$K, L, N; r$）。这里的 N 表示自然要素的服务功能或效率原因，而 r 表示自然要素的物质功能或物质原因。因此既强调了生产过程中的自然资源的重要性，又强调了自然资源与传统要素之间的不可替代性。

二是对效用函数的调整。效用函数是将效用和欲望满足程度与个人消费的商品和服务联系起来的关系式。在新古典经济学那里，效用函数通常表示为：$U=F$（$x, y, z, \cdots$）表示效用 U 与消费 $x, y, z, \cdots$ 等物品有关。但是完全没有考虑自然物品和服务对于人类效用的重要性和不可或缺性。可持续发展经济学将效用函数改变为：$U=F$（$N; x, y, z, \cdots$），表示自然物品和服务也是提高人的效用的重要内容，它们与人造物品和服务之间具有重要的不可替代性。例如，"如果 x 是一双旅行鞋，那么它的效用依赖于值得旅行的场所；如果 y 是一个潜水面罩，那么它的效用依赖于暗礁和清澈的水。因此，自然要素提供了一种具有补充性的服务，如果没有它，大部分消费品的效用都会大打折扣"。

（3）从传统生产率到资源生产率。在人造资本稀缺的时代，需要关心提高劳动生产率和资本生产率，这是新古典经济学已经做了的事情，但是在自然资本成为经济增长的限制因素的时代，因此在提高劳动生产率和资本生产率的同时，需要把注意力大幅度转移到提高资源生产率上来，这是可持续发展经济学要大声疾呼的，并且强调在人口规模大幅膨胀失业成为棘手问题的时候要更多地使用劳动而不是像传统经济学那样一味地节约劳动。

正是因为如此，戴利将可持续发展经济学的效率观念，定量地表述为：$EP=WB/EF=WB/GDP \times GDP/EF$。其中，EP（eco-performance）表示可持续发展经济学的发展绩效，WB（wellbeing）表示人类获得的客观福利或者主观福利，GDP（国内生产总值）表示由人造资本存量表现的经济增长，EF（eco-footprint）表示生产和消耗这些人造资本的生态足迹。从中可以看到，可持续发展经济学的效率是要用最小化的自然消耗获得最大化的社会福利，具体地说就是社会福利应该最大化、自然消耗应该最小化、人造资本则是足够就行。

按照以上界定，可以理解为什么在国际上可持续发展被表示为经济增长、社会公平、生态安全的三重底线发展，而实现可持续发展经济学意义上的发展，是要实现两个脱钩：一是在生产效率上（GDP/EF），让经济增长与自然消耗脱钩，即经济增长是低物质化的，这意味着资源节约型和环境友好型的生产和消费，前面所分析的生态门槛即自然资本对于经济增长的约束表明了这种脱钩的必要性；二是在服务效率上（*WB/GDP*），让生活质量（客观福利或者主观福利）与经济增长脱钩，即要求在经济增长规模得到控制或人造资本存量稳定的情况下提高生活质量，前面所分析的福利门槛即到了一定门槛以后经济增长对于福利改进的效益是递减的表明了这种脱钩的可能性。从以上两个脱钩，可以清楚地看到以福利提高为目标的生态文明与以经济增长为目标的工业文明的基本区别。在后者的情况下，一方面是用日益增加的资源消耗和环境影响来促进经济增长，另一方面是日益膨胀的经济增长并没有给人类的福利带来持续的增长。

区别三：可持续发展经济学的宏观观点

如果要问可持续发展经济学与当前的资源经济学和污染经济学有什么区别，那么大多数情况下可以认为后两者属于从新古典经济学引申而来的微观意义上的环境经济学，只不过资源经济学主要研究经济增长的资源输入问题，而环境经济学主要研究经济增长的污染输出问题。它们的研究视角是以效率为导向的。而可持续发展经济学可以认为更重要的是宏观意义上的资源环境经济学，它的研究大大超越了传统市场效率研究的范围。可持续发展经济学在宏观问题上与新古典经济学的区别有以下两个主要方面：

（1）经济增长和社会福利提高问题。一是 GNP（国民生产总值）对于社会总福利的关系。在这个问题上，新古典经济学不仅认为 GNP 是基于市场价格的经济增长的指标，而且认为 GNP 的增长导致了社会总福利的增长，因此增加 GNP 就是增加社会总福利。然而可持续发展经济学家认为，社会总福利包括经济福利和非经济福利两个方面（即社会总福利＝经济福利＋非经济福利）。而经济福利的增加有可能导致非经济福利的减少，从而导致总福利的减少。例如，随着劳动力的流动性增大，GNP 增大，但是人们的流动却减少了与家人和朋友亲近的社会福利；又如，GNP 增加导致了污染以及由此引发的疾病，于是大幅度减少了非经济的生态福利。由于非经济福利不可测量，而经济福利可以量化，因此新古典经济学通常高估了后者的重要性，而低估了前者的重要性。这是为什么可持续发展概念提出后，人们进一步要提出计算人文 GDP 和绿色 GDP 的理论根据。

二是经济增长的福利门槛。可持续发展经济学家通过实证研究发现，如果说经济增长在发展的前期阶段对于福利增加是正相关的，例如美国的 1970 年以前，那么经济增长到了一定的阶段就会出现福利水平的峰值，也就是说经济增长对于福利增加的边际贡献开始减少甚至趋近于零，这就是经济增长的福利门槛问题。这对持续的经济增长的合理性与必要性提出了尖锐的挑战，表明经济增长并不可以带来持续的社会福利增加，到了一定的时候，需要更多地转向非经济的福利增长。与主流经济学家认为可以在非经济福利退化下提高社会总福利的观点形成对照，可持续发展经济学强调可持续发展应该是非经济福利特别是自然资本提供的福利非退化的发展，这就是在理解可持续发展概念上所谓弱可持续性与强可持续性的差别。正是在强可持续性的意义上，可持续发展经济学被认为是真正的"有关可持续发展的经济学与管理学"。

（2）经济增长的生态规模约束问题。如果说经济增长与社会福利的关系质疑了持续的经济增长的合理性，那么经济增长与生态规模的关系质疑了持续的经济增长的可能性。通常，新古典经济学强调 GNP 反映的是价值量的变化，因此可以持续地增长。但是，可持续发展经济学家认为它与物质吞吐量有密切的关系。如果 GNP 是在物质吞吐量不超过自然极限的情况下持续增长，那么可持续发展经济学家就不会对无限的增长有任何异议。但是现实中的 GNP 增长严重地依赖于物质吞吐量的增加甚至是超越极限的增长，因此这样的 GNP 增长实质上导致了非经济的增长，即自然成本的增加超过了经济收益的增加。1937 年，希克斯提出了著名的宏观经济 IS-LM 模型（水平轴为产出 Y，垂直轴为利率 r），其中，IS 表示经济发展的实体部门（处理国民收入、储蓄、投资、资本产出率、政府支出和税收等），LM 表示经济发展的金融部门（处理货币供给、利率、流动现金余额需求等）。新古典经济学在此基础上描述了"空的世界"中的经济平衡，但是可持续发展经济学通过在 IS-LM 模型中增加代表生态承载力的 EC 垂直线，指出了经济平衡有三种情况。第一种是经济均衡点没有超过生态平衡点，即没有生物物理限制的"空的世界"的情况。其中 $Y*C$ 可以看作是剩余的生态承载力，如果这个区间足够大，那么对短期政策的实际应用目的来说，构思和画出 EC 点确实是没有意义的。第二种是经济均衡点超过了生态平衡点即"满的世界"的情况。大部分可持续发展经济学家认为这是世界当前的状况，因此我们好像是在通过消耗长期的自然资本来避免短期的通货膨胀。而大部分新古典经济学家不担心长期资本消耗和 EC 的进一步向左移动。因为他们相信科技创新正在驱使 EC 向右移动，因此可以恢复到以前的"空的世界"。第三种情况表示在假设条件下出现的完全巧合，然而要使生态均衡与经济均衡一致，要么需要有特别好的运气，要么需要有目的地进行协调与策划。

区别四：可持续发展经济学的开放观点

在开放经济方面，新古典经济学以及以其为基础的华盛顿共识通常把以自由贸易、资本流动、出口导向为内容的经济全球化看作是包治一切问题的万能灵药，期望它能够给世界带来普遍的经济增长和社会福利。但是，可持续发展经济学认为这样的结论是建立在有严重缺陷的假设之上的，对经济全球化的三个方面即经济效率、生态规模、社会公平等问题提出了重要的修改性看法，强调需要将全球化和地方化合理地整合起来才能提高人们的社会福利。

（1）全球化与经济效率问题。新古典经济学和全球化的支持者强调，全球范围内的经济竞争可以提高经济增长的效率和加强有效配置。但是，可持续发展经济学认为这样的全球化可能损害了市场有效配置及其所必需的条件。其一，当前世界贸易组织（WTO）的主要目的是打破国家保护边界以促进国际商品交换，但是降低标准的竞争降低了国家管制经济增长负外部性的能力。其二，当跨国性的大公司代替国家成为世界市场中进行中央规划的几个孤岛的时候，这样的中央规划并不一定比国家的中央规划更有效。其三，当市场和消费的链条在全球范围内铺开的时候，例如我们的日常消费品往往长途跋涉来自地球另外一面的地方，实际上是增加了经济成本与物质消耗，因此这样的产品不是在全寿命周期意义上有效率的。其四，全球化促进了专业化的发展，这样做的结果虽然提高了人们消费选择的范围，但是却导致人们职业选择的范围变得越来越狭窄，从而减少了相关的福利。

（2）全球化与生态规模问题。新古典经济学和全球化的支持者认为，相比孤立国家的经济承载能力，国际贸易可以使国家经济承载更多具有更高物质消耗水平的人口。但是，可持续发展经济学认为，更多的负外部性和加快的经济增长，与国家管理外部性的能力降低结合起来，对地球可持续发展的总体生态规模导致了威胁。一方面，在全球化的情况下，区域尺度对于物质规模的控制能力大大降低，尽管贸易可以提高任何一个区域超过本身生态规模后的发展可能性，但是如果有许多国家超过了区域内的可持续性规模，那么累积起来就有可能超过了地球整体可以承受的可持续性规模。另一方面，发达国家的环境改善本质上是污染型和资源消耗型产业的全球转移，结果是对发展中国家和世界范围内的生态规模造成了更大的损害。

（3）全球化与公平分配问题。新古典经济学和全球化的支持者认为，全球化的要素流通和商品流通可以带来一个没有贫困的社会，所谓收入的收敛问题。但是可持续发展经济学认为真正的效果其实是相反。实际证据表明，基于绝对优势和相对优势的全球化只会简单地强化现有的输赢模式，使国家间的财富更加趋向于集中而不是扩散。一方面，大多数贫穷国家只是在自己具有相对优势的领域即主要是开采和出口自然资源的领域参与国际贸易，因此这样的结果是提高了发达国家的福利而降低了贫穷国家的福利。另一方面，从出口导向型的经济来看，发展中国家通常拥有的绝对优势就是低水平的工资，这样的绝对优势非但无助于缓解贫困，而且还经常需要压制劳动者的工资和收益。

基于以上对全球化也许可以促进经济增长但是没有促进福利提高的分析，可持续发展经济学认为，真正的可持续发展需要以国内市场为首选发展国内生产和消费，只有在明显高效率的情况下才让资源参与国际贸易，而全球化的贸易是应该受到管制的而不是完全自由的。这样做的结果既有利于经济增长和提高人民消费水平，同时又有利于全球生态环境保护。据我所知，近年来德国以及欧盟许多国家已经开始按照可持续发展经济学所指出的方向进行政策调整，以在全球化和地方化整合（glocalization）的意义上推进国家和全球的可持续发展。很大程度上，可持续发展经济学可以用来解释中国过去 30 年出口导向的高经济增长为什么是通过廉价的劳动力和廉价的自然资本消耗换来的，可以解释中国未来发展转型的重点是从出口转向内需。这对于中国参与经济全球化的同时大力发展面向国内的生产和消费，应该具有重要的启迪。

区别五：可持续发展经济学的政策原则

在资源环境等自然资本问题上，由于新古典经济学家的政策前提是基于市场型物品和相应的效率改进，因此他们的政策设计在实践中常常不能够成功。可持续发展经济学强调，市场只能揭示人们对市场物品的偏好，而提高人类福利的许多物品不是市场物品；而且市场配置不能够解决生态规模问题和社会公平问题，因此需要有多种政策手段来服务于提高人类福利的目标。可持续发展经济学的政策设计强调了以下六个原则：

（1）独立的政策目标需要有独立的政策手段。可持续发展经济学认为发展有三个基本目标，即生态规模、公平分配和有效配置，重要的是每一个独立的政策目标必须有一个独立的政策手段。在这个问题上，主流经济学的问题在于想要用单一的价格手段解决所有的政策目标。例如，在能源问题上，是通过对能源征税来提高价格更有效地利用能源，还是补贴能源降低其价格来帮助穷人呢？显然，传统的运用能源价格一种手段是不可能达到既提高效率又减少贫穷的目标的，因为它需要在效率与公平之间进行选择。只有在提高能源价格的同时辅之以收入政策，即将一定的税收收入分配给穷人，才能同时达到效率与公平。以上三个独立的政策在气候变化和低碳发展上已经看到了越来越多的配套使用，例如，在应对气候变化的限额与交易（cap & trade）系统中，一般先设定可以排放的二氧化碳限度，然后按照一定的公平原则例如人均累计平均允许排放进行国家间或区域间的初次分配，然后建立碳交易市场进行有利于提高碳生产率的交易。

（2）政策要用微观上的小代价来达到宏观上的大目标。可持续发展经济学认为，宏观上的规模控制与围绕平均水平不同程度的微小变化并不矛盾，通常应该选择那些能够达到宏观目标、微观限制性最小的方法。市场在提供微小变化方面十分有用，但是只依靠市场本身却不能进行宏观调控。例如，如果地球吸收二氧化碳的能力有限，就需要制定限制二氧化碳排放总量的宏观规模目标，这要求人均排放量乘以人口必须等于限制总量。但是并不要求每个人的排放量严格地等于均值，只要限定总量，个人排放量围绕均值可以有微小的变化空间。又如，全球范围内的人口稳定要求每个夫妇平均只有 2.1 个孩子，但是实际上并没有要求每个家庭的孩子数等于维持世代交替所需的平均数。

（3）政策应该为错误预留一定的缓冲空间。因为需要在生物物理极限范围内处理问题，而且这些限制具有很大的不确定性，有时还是不可逆的，所以应当在对系统的需求和对系统承受能力的最佳估计之间，留出相当大的安全区域或者说是缓冲区，所谓可持续发展的弹性原则。这是以往的"可以忍受的影响是多大"的环境与发展政策需要转移到如何"让可能的影响最小化"的环境与发展政策的重要理由。对于控制宏观数量与控制微观价格的选择问题，新古典经济学家喜欢在市场内首先通过控制价格，然后达到控制数量。而可持续发展经济学家喜欢在市场外首先通过控制数量，然后达到控制价格。后者认为这在生态上是安全的，与预留缓冲空间的原则相一致；而传统的税收手段会耗尽缓冲空间，因为它实际上不能严格控制数量，结果可能导致更大的风险。如果没有预留缓冲空间，即完全达到系统的承受能力，就不能允许再犯错误，这就给个人自由和公民自由标上昂贵的成本和价格标签，会让人们尝到一种在刀刃上生活的滋味。许多事实证明，在接近承受能力的小生命系统上——太空船或潜水艇甚至飞机和普通船上——是不允许搞民主政治的，而只能采用军事化管理；只有具有巨大缓冲空间的太空船——地球上才足以宽恕错误、容忍民主。

（4）政策必须从历史给定的初始状态开始。可持续发展经济学认为，即使我们的愿景目标可能与世界当前的状态相去很远（例如稳态经济的发展目标与增长经济的发展现状之间），但是当前的状态仍然是我们的出发点。我们绝对不是从无开始，要做的事情是重塑和再造，而不是废除当前的制度。尽管渐进主义通常是什么都不做的委婉说法，但它仍然是一个必须考虑的原则。我们目前最基本的制度是市场体系和所有制，还有公有制和政府管制。因此，可持续发展经济学的政策设计需要从这些制度开始前行。

（5）政策必须适应变化的条件。可持续发展经济学认为，适应性管理——当条件变化和我们知道更多时，政策也要随着变化——必须是一个指导性原则。确实，可持续发展经济学本身就是对人和人造资本为"空"的星球向"满"的星球转变过程中出现的问题进行适应性管理的例子。一些理论上有效的政策执行起来往往不理想甚至会有预想不到的负面影响，而通常从现实生活中得出的结论比程式化的理论更有说服力。

（6）政策设计的范围必须与所处理的因果范围一致。这个原则可以称之为补充原则，即在能解决问题的最小范围内处理问题，问题应当由相同尺度上的制度来解决。不要为局部问题寻求全球性的解决方法，也不要利用局部的手段来解决全球问题。例如，垃圾问题基本上是地方性问题，因此首先应该在地方上进行解决；而全球变暖是典型的全球性问题，这时就需要全球性的政策。

阅读本书对于理解可持续发展经济学与中国高质量发展

具有重要的理论意义和政策意义。理论意义在于，在当前的"满的世界"，像气候变化和生物多样性这样的自然资本已经成为影响世界和中国发展的重要因素，面对这种情况，在"空的世界"发展起来、对关键自然资本的制约作用缺少研究的新古典经济学，在理论指引上就变得无能为力甚至是存在严重谬误的，而可持续发展经济学可以提供前沿性的理论思考。政策意义在于，在自然资本成为限制性因素的情况下，中国发展需要统筹考虑经济社会发展的物理规模、效率以及公平等系统性的政策问题，将可持续发展经济学的有关政策思考，融入中国生态文明和绿水青山就是金山银山的政策体系，可以有效地促进中国发展向可持续发展倡导的方向进行全面转型。

10

《资本主义 3.0：讨回公共权益的指南》（2006）

　　（美）彼得·巴恩斯著，资本主义 3.0：讨回公共权益的指南。

吴士宏译，海口：南海出版公司，2008

Peter Barnes, Capitalism 3.0: A Guide to Reclaiming the Commons. US：Berrett-Koehler, 2006

内容简介：作者开门见山写道，我为我们时代公共权益的稀缺而深受困扰。作者认为现在的资本主义操作系统将太多的优势赋予了追求利润最大化的企业，而正是这些企业在吞噬公共权益。政府理论上应该是公共权益的保护者，但是大多数情况下已沦为这些企业的工具。作者提出了一个修正的操作系统即资本主义3.0，呼吁建立一个强大的公共权益部门保护公共权益。

作者简介：彼得·巴恩斯（Peter Barnes）是美国运营资产长话公司的共同创始人及前总裁。1995年荣获北加州年度具有社会责任的企业家称号。他受过经济学教育，父亲是知识渊博的经济学家，母亲是严格的英语教师，受到父母亲的传承，他的写作领域包括经济、商业和新闻等。他还著有《谁拥有天空？》等以及担任《新闻周刊》《纽约时报》等多家报刊的撰稿人。

新的稀缺与公共权益

世纪之交的 1999—2000 年，时任联合国秘书长安南倡导全球契约，在经济、社会、环境三个支柱的可持续发展框架中，增加了第四个支柱即治理。随后，治理成为可持续发展研究的前沿领域。我 2005 年到哈佛做高级研究学者，研究重点就是可持续发展与治理。可持续发展需要治理的理由是显然的并且是重要的，因为经济、社会、环境三个领域需要平衡协调发展，需要有不同的组织机构，它们的作用和供给需要有互补性。特别是在公地物品领域或本书所称的公共权益领域（commons），需要发展相应的公共权益部门。从可持续发展治理角度研究这方面问题的学术开创者是已故诺贝尔经济学奖获得者埃莉诺·奥斯特罗姆（Elinor Ostrom，1933—2012），本书在奥斯特罗姆理论基础上对公共权益问题做了创新性和操作性的研究和阐发。全书分为三部分，即问题的提出、解决方案、付诸实施。作者论述问题的思路很清晰，首先说明公共权益为什么在资本主义社会成了问题，然后提出需要建立新的公共权益部门，最后解释如何建立适应不同层次不同对象的公共权益部门。

巴恩斯在书中用公共权益物品与人造物质产品两种物质的稀缺性变化，描述了资本主义演替的三个版本。巴恩斯认为，早先到处都是公共池塘物品或公共权益，但是人造物品稀缺。随着人类社会进入工业化时代特别是资本主义的发展，开始出现两条此消彼长的曲线，一方面是私有企业越来越强，另一方面是公共权益愈行愈弱。他认为到20世纪50年代，如前哈佛大学经济学教授加尔布雷斯在《富裕社会》（1958）一书中所说，资本主义达到了一个新的阶段。此前可以叫短缺资本主义即资本主义1.0，此后可以叫过剩资本主义即资本主义2.0。资本主义3.0是要解决公共权益的新的稀缺，在私人企业和政府组织之外发展独立的公共权益信托组织（common sector），通过公共权益信托组织保护和发展公共权益，使得社会在享受足够的私有物品的同时也有足够的公共权益物品。

巴恩斯定义的公共权益，是指我们所共同继承的所有遗产或共同创造的所有财富，包括物质的非物质的。公共权益既不同于私有资产，也不同于国有资产，它们有两个特性。一是赠与，公共权益相对于我们个人所挣的东西，是我们所接受的馈赠；二是共享，公共权益是我们作为社会成员集体而不是个人所接受的馈赠。他指出，过剩资本主义或资本主义2.0导致了三类公共权益的损害和减少。第一类是自然公共权益，包括河流、森林、湿地、鱼类、空气等典型的公共池塘资源；第二类是社区公共权益，包括街道、博物馆、图书馆、农贸市场、街头花园等；第三类是文化公共权益，包括街舞、语言、互联网等等。保障公共权益，是我们有责任将它们保持原有的价值而不是退化，若能有所增值就更好了。

1968 年美国生态学家哈丁在《Science》发表著名的论文《公地的悲剧》，说拯救公共权益的方式是私有化和国有化。巴恩斯认为，这不是单重悲剧而是双重悲剧。保护公共权益既不能依赖私人企业，也无法依赖政府管制。对于私有化，巴恩斯说将公共权益简单地交给私人企业，就好像让狐狸看管鸡舍。私人企业是否能够保护财产，根本就没有任何保证，更甭想要企业慷慨地分享利益。有人说应该相信有社会责任感的企业会正当行事，但是巴恩斯强调历史的证据和企业的逻辑常常指向相反。对于国有化，巴恩斯说虽然政府管制有许多工具可以对破坏公共权益的企业进行制裁，但是历史证明政府从来不是像表面上看来那样强大的法规老虎。因为每当政府要行使权力的时候，就会遭遇企业的强大抵抗以及这样那样的腐蚀，久而久之，政府机构常常会被其原来要制约的产业对象所俘虏。

　　巴恩斯对保护和发展公共权益提出的解决方案是建立独立并且强大的公共权益信托机构。如果将公共权益交给企业或个人是私有化，政府直接管理公共权益是国有化，巴恩斯认为公共权益信托组织的本质是资产化。基本思路是，将原先的分散的公共权益改变为公共资产而不是公司资产，每个人具有真正的分享权。个人、企业、社会需要使用公共权益，我们可以向他们收取更高的但是是合理的费用，在社会所有成员中分享因更高价格所得到的益处。巴恩斯基于美国的情况，区别了政府组织、企业组织、信托组织三种组织：企业组织主要是对股东负责，目标是利润最大化，可以转移拥有权；政府组织主要是对选民负责，目标是赢得更多的选票，不可以转移选举权；信托组织主要对社区人口负责，目标是保护公共权益，可以有使用权，不可以转移拥有权。巴恩斯推崇的一个公共权益信托组织的事例是1976年成立的阿拉斯加永久基金。阿拉斯加永久基金创立的目的是要缓和将土地租赁给石油公司开采石油带来的影响，将收入用来投资股票、债券等类似资产，然后分配给居民，即使在石油被开采完之后仍然能有助于居民。永久基金每年给居民以一人一股的方式分红。2019年我去阿拉斯加旅游，与当地人闲聊证实了这个基金的存在以及它在当地老百姓中的认可度。巴恩斯得出结论说，在资本主义3.0社会，关注"我"的私有化企业与关注"我们"的公共权益将会从相互消耗、此消彼长变成相互制约、彼此增进。政府的作用是保持"我"与"我们"两者之间的平衡，使得社会发展不再由单一引擎即企业垄断的私有化部门所驱动，而是拥有双重引擎，即一个为了追求私营部门的利润最大化，另一个则要保护并扩大公共财富。

本书讨论问题的经验基础是资本主义国家特别是美国的治理体系和体制机制，我们不可能将公共权益信托部门的具体做法照搬照抄用到中国。但是治理体系和治理能力的现代化是中国式现代化的重要内容，研读本书至少可以深化两个方面的认识：一是中国式现代化是满足老百姓美好生活的现代化，我们既要有足够的个人财富，也要有足够的公共财富。

在提高个人财富和生活水准之外，更好地保护和发展公共财富并让老百姓共享，是中国社会主义现代化的本质特征，也是中国高质量发展在环境、社会、文化等领域要加强的任务。二是治理体系和治理能力的现代化需要发展有保护公共财富能力的社会组织或类公共权益信托组织，建设政府、企业、社会组织三方面既各尽所能又相互补充的合作治理体系，在这个问题上我们需要有更多的理论思考和实践创新。

11

《绩效经济》（2006）

（瑞士）瓦尔特·R.施塔尔著，绩效经济。诸大建、朱远等译，上海：上海世纪出版集团，2009

Walter R. Stahel, The Performance Economy. Houndmills: Palgrave Macmillan, 2006

内容简介：本书对循环经济的发展具有奠基性意义。从可持续经济的角度而不是单纯物质循环的角度，强调循环经济是新的商业模式，该模式能让知识转化为更好的经济绩效、更多的就业机会和社会福利。本书从绩效的生产、绩效的营销、绩效的管理三个环节，描述如何改进现有的生产制造流程和产品服务，如何创造更多的工作岗位以降低失业率，由此实现减少能源资源消耗促进经济增长的目标。

作者简介：瓦尔特·施塔尔（Walter R. Stahel）。毕业于瑞士联邦理工大学建筑专业。英国萨里大学和法国特鲁瓦科技大学客座教授，罗马俱乐部资深成员。欧洲最早的可持续战略和政策咨询机构日内瓦产品生命周期研究所的创始人兼主任。施塔尔对循环经济的研究，以提出绩效经济和产品服务系统而著名。发表过多篇获奖论文，合著《不确定性的极限》(1989)一书在世界上曾以6种语言出版。

循环经济的本质是提高绩效

在循环经济研究领域，施塔尔是我交往最多的国外专家。我们都是英国 EMF 循环经济研究基金会的国际专家委员会成员，对循环经济的研究我们有许多共鸣。我认为循环经济作为物质多循环的经济，从物质流的上游到下游，有三种基本形式，即服务的循环、产品的循环、废弃物的循环。施塔尔认同我的看法，他在 2019 年出版的《循环经济——给实践者的未来指南》(上海科技教育出版社 2023 年中文版) 说，2017年，位于中国上海的同济大学可持续发展与管理研究所的研究人员发表了可持续发展科学的工作模型，这个工作模型包括三个循环周期，废弃物循环、产品循环和服务循环——这 3个循环分别对应于 (本书中的)"D" 时代、"R" 时代和本书中论述的绩效经济。如今，中国在循环工业经济领域的科学研究可能已经达到世界领先水平。

认识施塔尔，缘起于研读上世纪末出版的欧美可持续发展和绿色新工业革命的著作和论文，多次提到由施塔尔最早于 1976 年提出的功能服务概念，提到他是循环经济高级形式产品服务系统或不卖产品卖服务概念的倡导者。2006 年我看到施塔尔把功能服务概念梳理整合出版新书《绩效经济》，就写信与他联系希望能够纳入我当时主持翻译由上海译文出版社出版的绿色前沿译丛之中。他痛快答应，由此开始了我们至今10多年的交往和友谊。包括最近将他最新的《循环经济——给实践者的未来指南》翻译成中文版，在我主持的上海科技教育出版社出版的绿色发展文丛中出版。

施塔尔为人谦和，我觉得称得上是一个瑞士版的欧洲绿色绅士。说绅士，是他待人接物总是为他人着想。2006年我第一次到瑞士参加在洛桑举行的产业生态学国际会议，他听到后主动提出开车到日内瓦机场来接我，连夜送我到洛桑酒店，又连夜从洛桑开回日内瓦。后来我到瑞士开会，他只要知道消息，都会主动给我搜索提供从机场到开会城市的火车时间。说绿色，2007年同济百年校庆我邀请他到上海参加可持续发展与创新国际研讨会，我们提供商务舱，他却只坐经济舱。我到日内瓦开会，看到他开的总是他那辆好多年一直在用的小汽车。这与他的研究和信念是一致的，按照现在的说法，这样做他实际上减少了很多碳排放。

以下是我翻译《绩效经济》一书写的译者序，对该书的主要思想和意义作了详细的介绍和评论：

尽管20世纪90年代国际社会提出可持续发展战略以来，学术界、决策层、实业界的领先者就开始倡导第二次工业革命或者新工业文明等说法，但是人们对于它的解说和理解往往处于抽象、朦胧的状态。研读施塔尔的这本《绩效经济》，可以对什么是新的工业革命、为什么要有新的工业革命、如何实施新的工业革命，形成有新意、有深度、有系统的看法。

我对施塔尔的关注缘起于循环经济方面的研究，因为我们研究循环经济的目的就是要探讨中国新型工业化的实现路径。自从1998年起在国内写了循环经济的一系列文章引起关注以来，我们的研究团队一直试图在循环经济方面做一些有上天入地性质的深化工作。其中，"上天"是要研究循环经济的经济学依据，这方面我们发现美国生态经济学家戴利提出的稳态经济理论是很有支撑性的（2001年我们在上海译文出版社的支持下翻译出版了他的代表作《超越增长》一书）。"入地"是要研究循环经济的操作化形式，这方面我们发现瑞士工业经济学家施塔尔的绩效经济理论是最有启示性的（另外一个在国际上有影响的相关理论是德国学者布朗嘉特等提出的"从摇篮到摇篮经济"）。

最早了解施塔尔及其理论是在1999年翻译霍肯等人著的《自然资本论》一书的时候。该书提到施塔尔从20世纪80年代开始就提出了不同于流行概念的服务经济或功能经济的新概念，即消费者不是从制造商那里购买商品而是通过租用或者借用商品获得服务，这个概念的要害是通过制造业服务化来满足消费者的功能性需求，同时达到使经济增长与资源环境压力脱钩的目标。这成为我后来将循环经济界定为不是垃圾经济而是包括废物循环、产品循环、服务循环等多重循环过程的绿色经济的重要思想来源。以后一直关注着施塔尔的研究动态和思想进展。2006年，施塔尔总结其20多年来在功能服务经济上的研究成果，出版了有集成性的《绩效经济》

一书。我当即与其联系表达了翻译该书的愿望（2007年我邀请施塔尔来同济参加创新与可持续发展国际论坛，请他作主旨发言并给我的研究生作了有关绩效经济的报告）。施塔尔热情应允并主动联系该书英文版的出版编辑，这就是出现在我们面前的这本书的中文版的简单由来。

施塔尔提出绩效经济的基本点是：传统工业经济面临着经济增长变缓、社会失业攀升、资源环境退化等多重危机，因此需要向具有经济增长、社会就业、环境友好三重效益的新的绩效经济实现转变。这本书中的思想、案例和信息，对于中国如何深化循环经济和新型工业化的理论与实践，对于世界如何走出当前金融危机和气候危机的双重挑战，可以带来许多非常规的启迪和借鉴。我研读这本书已经不下数十次，最有感受的是下面四个方面：

一是对传统工业经济的改造可以有两种不同的路径。一种是在已有的工业经济模式上的修正与改进，例如清洁生产、生态设计、废物利用等属于此类；另一种是对传统的工业经济进行变革性的转型，例如制造者销售服务而不是销售产品等属于此类。施塔尔借用管理学家德鲁克的说法，认为前者是"正确地做事情"的效率导向路径，后者则是"做正确的事情"的效果导向路径。由于传统工业经济模式是与资源消耗、污染增加相伴随的，随着自然资本成为新的稀缺，单单靠对传统工业经济模式的效率改进，已经无法解决经济规模扩张带来的资源环境消耗的反弹效应。因此，施塔尔强调，在 21 世纪的经济活动中制造业仍然具有重要的地位，但是关于产品制造的本质和商业活动的模式将发生重要的变革，而变革的方向就是新的绩效经济。

二是绩效经济对传统制造活动的三个根本性变革。施塔尔按照生产、管理、销售的流程讨论了这些变革。其一是在生产环节，要通过将科技创新注入工业制造，使传统的粗大产品（bulk goods）转变为明智产品（smart goods），用相对少的资源消耗创造更多的财富以促进经济增长，所谓生产绩效（本书第一章）；其二是在管理环节（重点是消费后的处理），要通过发展"闭环经济（close loop economy）"和"湖泊经济（lake economy）"，做到在减少不可再生资源消耗的同时，在后生产过程中创造新的劳动就业机会，所谓管理绩效（本书第二章）；其三是在销售环节，要通过延长的企业绩效责任和功能服务性质的商业模式，将使用价值而不是交换价值作为制造业的中心概念，在增加社会财富的同时降低企业的负外部性（因而可以减少公共财政的支出），所谓销售绩效（本书第三章）。绩效经济，就是要用这样一种以绩效的生产、管理、销售为中心的新的工业文明模式，取代我们已经熟悉得近乎麻木了的以产品的生产、管理、销售为中心的传统工业文明模式。

三是用绩效经济的三重标准来衡量社会发展的可持续性。施塔尔的绩效经济认为，在经济与环境的交界面，制造商要关心单位物质重量的价值产出（美元/千克），用较少的物质消耗获得较多的价值产出；在社会与环境的交界面，制造商要关心单位物质重量的就业机会（劳动小时/千克），用可以再生的劳动资源替代自然界日益稀缺的不可再生资源；在经济与社会的交界面，制造商要使产品在整个生命周期内的成本内部化（风险/人），减少消费者和全社会的风险支出以提高福利的净值。我们在循环经济的研究中多次体会到，传统的工业经济在经济增长、社会就业、环境影响三个方面是分裂的，因此需要通过新型工业化的方式来进行整合。显然，施塔尔有关绩效经济的三重标准对于我们理解和发展中国的循环经济和新型工业化有着直接的应用价值。

四是绩效经济对于发展中国家实现跨越式发展的意义。从产品与物质设施的满足情况来看，可以认为发达国家的物质需求已经基本得到满足，因而是需要实行存量资产优化管理的经济；而发展中国家则是产品与物质设施供给还远不能满足基本需求，因而是需要进行物质产品增量扩张的经济。施塔尔认为发展绩效经济对于两种类型国家具有不同的意义。如果对于发达国家具有后工业化转型的意义，那么对于发展中国家的工业经济就具有跨越式发展的意义。例如，在生产绩效方面，发展中国家可以超越那些对科技进步持有风险厌恶态度的发达国家，通过科技创新和明智生产以资源节约和环境友好的方式提高物质产品的供给；在管理绩效方面，发展中国家不但需要在生产过程，而且需要通过对产品与基础设施的合理运营和维护，在产品使用等环节创造劳动密集型的就业机会；在销售绩效方面，发展中国家的政府不用花巨资购买具有最新技术的电厂或者对铁路等基础设施直接进行投资和运营，而是可以通过建造—运营—移交（BOT）或者建造—拥有—运营（BOO）等方式，以经济的和有效的方式获得"用电服务"或者"运输能力"。

12

《B 模式 4.0：起来，拯救文明》（2009）

（美）莱斯特·R.布朗著，B 模式 4.0：起来，拯救文明。林自新、胡晓梅、李康民译，上海：上海科技教育出版社，2010

Lester R. Brown, Plan B 4.0: Mobilizing to Save Civilization. Washington D.C.: Earth Policy Institute, 2009

内容简介：本书将传统的以破坏环境和牺牲生态为代价，以 GDP 最大化为中心的经济增长模式称作"A 模式"，认为这样"一切照旧"下去，我们的文明很快就会遭遇危机；而把以人为本的生态经济发展新模式称作"B 模式"——强调以人为本，把经济视作生态的一个子系统，要通过化石能源转向可再生能源和能效革命，构建可持续发展的新模式。本书 2003 年出版后有广泛影响，2009 年出版第四版。

作者简介：莱斯特·R. 布朗（Lester R. Brown），美国农业经济学家和可持续发展研究者。1974 年创办从事全球环境问题分析的世界观察研究所，2001 年创办跨学科研究组织地球政策研究所，宗旨是推进全球的可持续发展以及研制从目前经济模式转向生态经济的路线图。1959 年获马里兰大学农业经济硕士学位，1962 年获哈佛大学公共管理硕士学位。还著有《建设一个可持续发展的未来》(1981) 等。

从布朗 B 模式到中国发展 C 模式

知道布朗是在 1994—1995 年间，当时他出版了一本有关中国粮食问题的研究报告，在世界上及中国国内引起了很大的争论。2003 年他出版了《B 模式》1.0 版，这启发我提出中国可持续发展需要研究 C 模式，以区别于发达国家可持续发展转型的 B 模式。后来有机会面对面交流，并应邀给他的《B 模式 4.0：起来，拯救文明》中文翻译版写序。2010 年上海世博会期间，世界自然基金 WWF 举行研讨会，我们曾经一起坐在台上对话研讨，作了更多的思想交流。以下是我为《B 模式 4.0》中文翻译版写的序《A 模式、B 模式和 C 模式》，作为对 B 模式一书的介绍和评论：

很荣幸能够为布朗教授的《B 模式 4.0》写一点读后感，也利用这个机会谈一些对中国绿色发展的看法。

对于大多数中国人来说，对美国著名绿色思想家莱斯特·布朗的了解，主要有两件事。一是 1994—1995 年他提出"21 世纪谁来养活中国人"的命题，二是 2003 年他开始出版《B 模式》系列著作。前者引起了有关中国粮食问题的持久的争论，后者引起了包括我在内的一些学者提出了中国发展的 C 模式（参见诸大建等著："C 模式：自然资本约束下的中国发展"，2004；《中国循环经济与可持续发展》，2007）。《B 模式》

是布朗希望重建世界经济体系的很有雄心和政策意义的绿色宣言书。它每两年出升级版，从2003年到2009年已经有了四个版本，在世界上产生了很大的影响，也引起了深入的讨论。因为研究可持续发展和绿色经济的关系，我每次都很快、很认真地研读B模式的英文最新版。总览这本书前后四个版本的演变，可以领会到布朗B模式的以下主要观点：

一是以高碳化石能源和线性经济的物质过程为特征的传统发展模式，即"一切照旧"（BAU）的A模式，是资源环境不可持续的，已经走到了尽头。变革的方向是以低碳可再生能源和物质再生性利用为特征的可持续发展的B模式，B模式的实质不是不要发展，而是要从追求更多的增长到追求更好的发展，关键在于提高稀缺性自然资源的生产率。

二是当前基于A模式的世界经济已经陷入了庞氏困境或者庞氏陷阱，即世界经济是在耗用自然资本的本金而不是利息在过度扩展，一旦自然资本耗竭，发生的便会是庞氏类型的崩溃。这是混淆了经济与生态的关系而造成的，即经济系统应该是内含于生态系统的关系，而非像强调经济增长的主流经济学家所认为的那样，是经济系统包含了生态系统。

三是B模式的目的是把世界领出通向衰落和崩溃的老路，转而踏上使生态安全得以重建、人类文明得以长久维系的新途。B模式包括了四个方面的具体目标：到2020年减少二氧化碳净排放80%；世界人口稳定于80亿或者更少；消除贫困；以及恢复地球的自然体系，包括土壤、地下含水层、森林、草地和渔场。

四是从 A 模式到 B 模式的转变需要采取战时动员的方式。要抢在全球庞氏经济突然破灭以前拯救地球，人类需要战时状态那样的动员和反应速度。布朗研究了三种能够使社会发生巨变的模式，即珍珠港模式、柏林墙模式以及三明治模式。其中，珍珠港模式在导致社会快速转变上是有效的，但取得效果的成本也是巨大的。柏林墙模式是社会思想、制度、技术慢慢演变到一个转折点或者起爆点而出现的社会变化，它的演变是需要时间的。三明治模式是自下而上的草根组织和自上而下的政府领导相结合而促进，导致社会在短时间内实现变革。例如，2007 年到 2009 年美国上下合璧的可再生能源与提高汽车效率运动，可能使得美国用大约 10 年的时间就能够达到起爆点。布朗认为这对于实现 B 模式是管用的。

我认同布朗 B 模式中所传达的许多可持续发展和生态经济学的思想观念和政策建议。如果有什么问题可以讨论的话，我的看法是：布朗在书中提出的问题——不要走 A 模式的一切照旧发展道路的看法——是正确的和应该考虑的，但是他提出的解法——要求用 B 模式不加区别地解答发达国家的稳态发展问题和发展中国家的生存发展问题，是需要进一步加以研究的。例如，布朗在《B 模式 4.0》中建议，中国应该停止建设所有燃煤电厂，转向可再生能源，恐怕就不是一个当前马上可行的建议。这使我想到布朗的观点与他在书中多次提到的美国著名生态经济学戴利观点的重大差异。按照戴利的观点，可持续发展或者减物质化发展首先是应该针对北方发达国家的，而对南方发展中国家，关键是在经济增长中注意可持续性。因为发达国家的基本需求已经满足，因此需要在物质消耗上大幅度进行"减肥"；而发展中国家就像一个正在长身体的孩子，基本需要尚没有得到满足，因此仍然需要有一定的资源环境消耗扩张（参见戴利《超越增长——可持续发展的经济学》，诸大建等译，上海译文出版社，2001）。

这就是说，B模式的许多思想和政策建议，对于发达国家的绿色转型肯定是重要的和必需的，但是对于中国的绿色发展却是需要作进一步的转化和加工。中国的绿色发展，一方面需要避免走上布朗指出的传统A模式的道路，另外一方面也需要防止走上有资源环境保护而没有经济社会发展的道路。因此，我们从布朗书中得到的最大意义的借鉴，就是需要研究基于可持续发展原理的另一种模式——使中国这样的众多人口尚没有脱贫的发展中大国走上资源环境消耗与社会经济发展相对脱钩的发展道路，我称之为中国发展C模式（在不超过发达国家人均生态足迹的条件下，提高中国人的经济社会发展水平）。否则，我们就无法合理地回应许多发达国家提出的要求；中国从现在起就应该进行高强度的二氧化碳总量减排或者控制人均二氧化碳排放。

尽管如此，我仍然要强调布朗的B模式对中国绿色发展具有极其重要的启示作用。其一，B模式中传播的许多可持续发展思想和生态经济学思想，具有一般性的指导意义，对于研究思考中国发展C模式是有用的。其二，中国当前发展的主要风险仍然是防止A模式的传统道路，布朗提出的警示对于中国发展的绿色转型是有针对性的。特别是在没有提出中国自己的C模式理论以前，许多人对B模式的批判很可能会导致更多的A模式偏向。其三，在自然资本总量受到约束的地球上，如果发达国家不能在推进B模式方面做出实质性的示范，要发展中国家实现绿色发展，在道义上是不公平的，在实践上也是非常困难的。

13

《五倍级——缩减资源消耗，转型绿色经济》（2009）

（德）魏伯乐等著，五倍级——缩减资源消耗，转型绿色经济。
程一恒等译，上海：格致出版社，2010

Ernst Ulrich von Weizsaacker, et al, Factor Five—Transforming the Global Economy through 80% Improvements in Resource Productivity. Earth Policy Institute, 2009

内容简介：本书提出了一个大胆的目标，即在继续提高全球人类福利的基础上，将资源消耗减少80%，通过五倍级数提高资源生产率，实现世界经济的全面绿色转型。作者基于系统设计的思路，对包括交通、建筑、农业、工业中的钢铁与水泥等重点高消耗行业进行了分析，提出了资源生产率实现五倍提升的可能性，从政策法规、市场规律、政治体制等方面阐述了需要深化改革的各个方面。

作者简介：魏伯乐（Ernst Ulrich von Weizsacker），罗马俱乐部主要成员，曾任联合国科学技术促进发展中心主任，欧洲环境政策研究所所长，德国联邦议会环境委员会主席，德国社会民主党可持续发展问题的发言人。著述颇丰，其中包括《四倍跃进：福利加倍，资源利用减半》（Factor Four: Doubling Wealth, Halving Resource Use）与《地球政治》（Earth Politics）等。

大幅度提高资源生产率

最近看到英国学者夏普（Simon Sharp）出的一本书《气候变化五倍级》（中国科学技术出版社 2024 年中译本），马上想到 10 多年前德国学者魏伯乐等著的《五倍级》（2010 中译本）一书。研究碳达峰碳中和以及更广义的绿色发展或经济增长与资源环境消耗脱钩，要有资源生产率的概念，要协调分子中的 GDP 增长和分母中的资源环境消耗减少的关系，否则就不能实现所需要的绿色低碳循环发展目标。《五倍跃进》在这方面做了开创性和基础性的工作，在此引用当年给该书中文版写的序，作为对该书思想的介绍和评论：

在过去 10 多年中，我曾经反复研读过魏伯乐等为罗马俱乐部撰写的著作《四倍跃进》（1994），那本书与美国学者戴利的《超越增长》（1996）等书（由我组织翻译于 2001 年在上海译文出版社出版）一起，对我从事有关绿色经济与中国发展模式的研究有过很大的启迪。15 年后的今天，看到魏伯乐等出版新著《五倍级——提高资源生产力 80% 与世界经济转型》（2009 年），感悟到了作者不少超越《四倍跃进》的绿色经济新思考。

在我接触与研读过的当代西方著名的绿色经济著作中，魏伯乐是特别强调提高资源生产力在世界经济绿色转型中的作用的。在《四倍跃进》中，他们强调通过资源生产力的四倍提高，可以实现经济社会发展与资源环境消耗的脱钩。研读眼前的《五倍级》，虽然技术创新导向的思想仍然居于主导地位，但是作者已经越来越多地讨论到绿色创新需要得到生态税收体制的激励与消费足够战略的支持。这已经逼近戴利等学者倡导的社会创新的意义了。我觉得，《五倍级》的新意特别地体现在下列四个方面：

（1）关于第六次经济长波与资源生产力。研究世界性的科技创新与经济发展，经常会引用由康德拉基耶夫提出、熊彼特深化的世界经济长波理论。长波理论认为18世纪以来的工业化发展是由30—50年为周期的科技创新与产业更替而推动的，到目前为止已经先后经历了五次经济长波。与增长主义的经济学家不同，绿色经济的研究者大都强调从1990年代以来世界经济正在进入新的长波阶段，这就是基于物质与能源效率提高的第六次经济长波。这个新的经济长波与以往五次长波的最大区别在于，世界需要从重点提高劳动生产力的时代（按照人均劳动产出来衡量）进入到重点提高资源生产力的时代（按照单位资源投入的经济产出或服务产出来衡量）。理由是，制约世界经济发展的稀缺因素发生了根本性的变化，自然资本约束已经成为21世纪经济发展的主要挑战。如果说，以往五次的经济长波是提高劳动生产力为主的传统工业革命，那么现在是要倡导基于资源生产力的新的或第二次工业革命。《五倍级》的意义，首先就在于强调这样一种全球绿色转型的必要性与重要性。

（2）关于从四倍跃进到五倍跃进。作者 1994 年提出四倍跃进的时候，主要考虑从 2000 年到 2050 年经济增长翻两番，资源消耗减一半，实现四倍跃进就可以达到所希望的目标，所谓"财富翻番消耗减半（即资源消耗强度降低 75%）"。但是 15 年过去了，世界的状况并没有走上四倍跃进的路子，虽然经济财富是增长了，但是物质消耗仍然是增加的。为此，作者感叹说，损失了 10 年的研究成果与改进机会。因此，到 2050 年要实现经济社会发展与资源能源消耗的脱钩，要求已经明显提高，即需要有五倍以上的资源生产力改进（即资源消耗强度降低 80%）。但是，这样的技术改变路径仍然是存在的。在书中，作者基于系统设计的思路，对包括交通、建筑、农业、工业中的钢铁与水泥等重点高消耗行业进行了详细分析，提出了资源生产率实现五倍跃进的可能性以及具体的操作性路径和事例。

（3）关于效率改进与反弹效应。本书与《四倍跃进》有重大差异的是，强调即使达到五倍以上的技术效率改进，也存在着反弹效应的严峻挑战，有可能使得技术改进的结果 50% 以上被抵消。例如，单个汽车的效率改进被更多的汽车拥有所抵消，建筑效率的改进被更多的住房消费所抵消，等等。实际上，无论是发达国家还是发展中国家，我们确实经常发现这个环节的资源效率提高被其他环节的反弹消费所抵消，微观上的资源效率提高被总体上的经济规模扩张所抵消。

由于反弹效应的存在，魏伯乐最近几年来多次在学术演讲中说自己在《四倍跃进》书中对于资源生产率的提高效果有点过于天真了。正是基于这样的认识，他在《五倍级》中超越纯技术效率的思考，强调脱钩发展的实现还需要经济增长规模与经济增长结构上的重要努力。

（4）关于生产端的效率战略与消费端的充足战略。世界经济的绿色转型，除了在生产端或供给端要有五倍数的效率改进战略之外，还需要在消费端或需求端强调物质消费的足够战略，这就与传统增长主义那种认同技术改进的同时强调没有止境的物质消费的立场有了截然分野。因此，提高资源生产力的深层次意义，在于提高单位产品与单位服务的满意水平，追求功能意义上而不是物质拥有意义上的生活质量。例如，不是吃得越多生活质量越好，而是合适的饮食才好；不是开车越多生活质量越好，而是满意的移动才是最好；不是住房越大生活质量越好，而是合适的居住才是最好；不是拥有物品越多生活质量越好，而是得到服务越多生活质量越好，等等。要这样做，就需要打破用物质消费水平提高表示生活质量提高的传统观念，这是由资源生产力提高导致世界经济转型的另外一个重要观念。

我认为，《五倍级》中强调的以上内容，对于洞察世界科技创新与经济发展的趋势，对于促进中国未来的绿色发展和低碳发展是极其具有现实意义的。我们当前的环境与发展管理不同程度地存在着"四重四轻"的问题。一是在发展战略中重节约劳动，轻节约资源。例如，虽然中国的基本情况是人多地少，但是产业发展的特点却是在向节约劳动、消耗资源方向发展。二是在能源战略中重能源替代、轻能源效率。例如，在低碳发展的技术路径选择中，总是过多地强调新能源替代，而不是强调能源效率的提高。三是在污染减排中重技术减排、轻结构减排。例如，在节能减排的政策行动中，总是过多地强调现有产业结构不变下的技术节能与减排，而不是强调改变重型化的产业结构，强调减少钢铁、化工、水泥等产业在工业发展中的比重。四是在绿色发展中重供给管理、轻需求管理。例如，在资源管理的重点对象中，总是单一地关注生产性的技术改进管理，而忽视消费性的社会需求管理，忽视经济链的下游消费对于上游生产潜在的倍增节约效应。因此，研读、宣传、应用《五倍级》中的绿色经济新概念，可以给我们的决策者、企业高管、专家学者、社会个人带来重要的思想冲击，从而更加有效地推动中国21世纪经济社会发展的绿色转型。

14

《蓝色经济：未来 10 年世界 100 个商业机会》
（2010）

（比）冈特·鲍利著，蓝色经济：未来 10 年世界 100 个商业
机会。程一恒译，上海：复旦大学出版社，2012

Gunter Pauli, The Blue Economy. New Mexico: Paradigm, 2010

内容简介：本书认为，蓝色经济不同于烧钱导向的环保经济，它将生态系统的卓越成就应用于经济体系，既保护了地球的环境及资源，同时还能提高我们企业的效能，获得更高的投资回报。本书用无数个来自世界各地的鲜活的实例，告诉我们有比当下更好更简单的方法来替代高资源浪费、高成本防护的环保经济方案。这些替代方案不是要削弱而是要强化我们的经济，同时节约资源和降低环境成本。

作者简介：冈特·鲍利（Gunter Pauli），毕业于欧洲工商管理学院（INSEAD），是一名成功的创业家，前后成立过十家公司。1983年获选为第一届"世界十大杰出青年"。1994年当选世界经济论坛（World Economic Forum）未来国际领袖之一。1994年提前从企业界退休，创办"零排放研究创新基金会"（Zero Emissions Research Initiatives，ZERI），全身心投入研究蓝色经济新模式。

蓝色经济具有可持续发展的三重效益

研究循环经济时，至少有四个欧美学者是我长期关注的，与他们也有着程度不同的学术交往。他们对循环经济的理论与方法，有着自己独特的理解和系统的探索，出版了有影响的著作。第一个是瑞士的施塔尔，他用绩效经济指代循环经济，研究出版了《绩效经济》(2006，2009 年由我主持翻译在上海译文出版社出了中文版)；第二个是美国的麦克唐纳和德国的布朗嘉特，他们用摇篮经济指代循环经济，联手研究出版了《从摇篮到摇篮》(2002，同济大学出版社 2005 年中文版)以及后来的《The Upcycle》(2013)；第三个就是本书《蓝色经济》(2010)的作者鲍利。知道鲍利是在 20 世纪 90 年代的时候，特别关注他先是以零排放后来用蓝色经济的名义研究循环经济。眼前的这本《蓝色经济》是他 20 年思考、研究与实践的产物。此书对于中国当前正在火热发展但是存在某些误区的循环经济，至少可以提供三个方面的有益启示。

启示之一，蓝色经济完整地模仿生态系统，而不只是末端处理的垃圾经济。按照麦克唐纳和布朗嘉特的论述，摇篮经济有两个基本形式即作为自然营养物和技术营养物的废弃物再循环。我在 1998 年和 2000 年发表循环经济文章的时候，曾经指出中国发展循环经济有三种基本形式。一是从设计开始就考虑在内的废弃物再循环，而不是没有预设的垃圾处理；

二是产品和部件的反复使用，而不是生产一次性、短寿命的物品；三是发展产品服务系统，销售服务而不是销售产品。但是国内许多读者当前解读的循环经济，却是在走简单的垃圾经济的道路。这样一种末端处理的垃圾经济与作为生态设计的循环经济是有本质上的差异的。研读《蓝色经济》一书，可以看到鲍利再次强调了循环经济是要向自然界学习完整的生态智慧。鲍利在本书第十四章《中国能养活自己吗》，针对城市的两股养分流即家庭粪便（水肥）和餐饮垃圾（厨余），讨论了线形经济与循环经济的差别。在城市化的进程中，西方国家对这样两股养分流往往采取的是线形经济的做法：对于水肥流，采用化粪池，接上城市废水管，然后到中央废水系统进行处理；对于厨余流，采用环境治理的办法，最后不是进了垃圾填埋场，就是进了焚烧炉。鲍利认为中国在城市化的进程中，不应该摈弃传统去效法西方，而是应该深化生态思维搞循环经济，把城市养分流用来促进表土再生，这样就可以有效地保障中国的粮食生产和安全。

启示之二，蓝色经济创造客观的经济效益，而不是只会烧钱的环保经济。国内发展经济，经常存在着有经济效益没有环境效益或者有环境效益没有经济效益的矛盾。特别是循环经济开展以来，虽然政府与企业投入了不少资金，但是经济效益远远没有达到所期望的目标。正是针对这种环保经济的普遍情况，鲍利特别强调了蓝色经济与绿色经济的区别。他认为：绿色经济的模式虽然环保，虽然充满善意，但是往往要求政府补贴更多和企业投资更多（所谓绿色投资），也要求消费者支付更多（所谓绿色消费），结果是用较多的成本达到同样的甚至更少的产出。这样的经济在经济繁荣的时候就已经面临成本的挑战，到经济不景气的危机时期就更难做到了。而蓝色经济的目的，不但是要节约资源和环境友好，而且要在保护、调适、增值自然系统的同时创造经济价值。鲍利在书中用较多笔墨介绍的非洲贝南农业与食物处理系统，被认为是蓝色经济具有经济与环境双重效益的典型事例。贝南案例的做法类似于中国传统的生态农业，是把屠宰场的动物废料送到养殖场处理，用来喂养鱼鸭，再以生物沼气发电，利用植物净水。这个系统除了原本的收益外，通过废弃物回收再利用，可以创造可观的额外收入，能够维护当地居民生机与粮食保障。因此，蓝色经济是能够盈利的循环经济和环保经济。

启示之三，蓝色经济可以创造工作机会，而不是浪费人力资源的失业经济。循环经济可以通过产业链的延伸，创造出新的劳动密集型的工作机会。但是国内当前发展循环经济，常常没有与就业机会增加联系起来。鲍利在书中特别强调了蓝色经济的就业贡献，强调这是真正具有可持续发展精神的环保、经济、就业三赢的经济。例如，在当前的低碳经济中减少二氧化碳排放被认为是需要花费巨额投资的烦恼事情，但是本书中介绍的巴西利用火电厂现有基础架构捕捉二氧化碳生产藻类生物柴油的案例，证明可以将处理二氧化碳转化成为有利可图的挣钱之道，同时还创造了 100 多个工作机会。如果全球的煤力发电厂，都把所排出的二氧化碳废气收集起来生产藻类生物质柴油，除了减少减碳的经济成本，还可以创造 250 万个工作机会。而鲍利全书的要害，就是要有说服力地描述从世界各地 3000 个事例中筛选出来的 100 个商业创新案例，启发世人结合当地的资源，开发出投资少、回报多、就业好的蓝色经济创新项目。据说，鲍利介绍的这 100 个创新项目，目前已经创造了大约 2 万个工作机会，如果推广应用，可以在未来 10 年内，在全球范围内再增添 1 亿个与之直接和间接相关的新岗位。

我国正在生态文明的框架下，倡导发展经济效益好、资源消耗少、环境影响低、就业机会多的新型工业化和新型城市化，循环经济或者鲍利所说的蓝色经济，就是实现这样一种可持续发展新模式的有效途径。研读这本对循环经济的理论与方法有独特理解和深刻论述的著作，肯定能够给我们带来丰硕的收益。

15

《动荡时代的企业责任: 21 世纪面临的挑战》
(2010)

　　(荷)罗布·范图尔德著,动荡时代的企业责任: 21 世纪面临
的挑战。刘雪涛等译,北京: 中国经济出版社,2010

Rob van Tulder, Corporate Responsibilities in Turbulent Times: Challenges for the 21st Century. Houndmills: Palgrave Macmillan, 2010

内容简介：本书不是就 CSR 谈 CSR，而是在更大的宏观背景和理论框架中讨论企业社会责任。本书提出国家、市场和公民社会形成的三角形社会框架，用其作为分析工具解读不同国家的治理模式，分析企业在可持续发展中面临的问题，提出社会界面管理的管理思路，为读者思考可持续发展的合作治理和企业推进社会责任开启了一扇新的大门。

作者简介：罗布·范图尔德（Rob van Tulder），荷兰伊拉斯姆斯管理研究院国际商业与社会管理研究项目主任，可持续商业与发展合作专家中心的创始人之一。获阿姆斯特丹大学社会科学博士学位，主要研究跨国公司、高技术行业、企业社会责任、欧洲共同体／欧盟政策等。讲授针对企业高管的国际战略管理相关课程，担任过很多国际组织和大公司的顾问。

三角形社会的界面管理

研读这本《动荡社会中的企业责任》，我本来是把它当作诸多企业社会责任著作中的第 Y+1 本看的。读了以后却大感过瘾，认为这本书是以前没有的第一本从可持续性治理框架讨论可持续性企业发展的书。书中的点睛之笔，是提出有关国家、市场、公民社会（非营利组织）组成的社会三角形制度框架，以及在此基础上形成的社会界面管理模型。作者把企业社会责任管理放在这样的大格局中进行研究和阐发，这是其他许多就企业社会责任论企业社会责任（以及现在一些脱离可持续性商业谈企业 ESG）的著作相形之下为之逊色的。

本书分为三个部分，第一部分是动荡的时代（1—4 章），第二部分是企业责任（5—11 章），第三部分是案例和结果（12—16 章）。现在有关企业社会责任和 ESG 的书已经很多，我这里特别推介本书中最有特色的东西，即有关社会三角形和社会界面管理的模型以及它对研究推进企业社会责任的意义。

1）社会制度和组织中的三角形关系。本书指出 1990 年代以来，世界各国的发展是在三个组织或制度的基础上进行的，即市场、国家、公民社会等组织和制度以及介于它们之间的混合类型。三类组织的相互作用，决定了社会的整体发展，影响着经济社会发展的可持续性。这里的制度，是指制度经济学家道格拉斯·诺斯提出的概念，即制度包括正式和非正式的规范、行为准则、惯例等。市场、国家和公民社会这三个圈子，每个都有自身的逻辑、合理性和意识形态，它们在社会中拥有不同的地位和作用。其中，国家通过立法提供构建社会的法律框架，市场在一定的法律框架内将投入转化为产出为社会创造价值和利润，公民社会在国家和市场之外满足公民建立关系和社交的需要。

2）社会三角形在不同国家中的作用。社会三角形在不同的国家有不同的作用和特点，形成不同的组合，相互间的关系有替代性、辅助性、互补性等不同的侧重。三种组织或者三种制度都有失灵问题，即市场失灵、国家失灵、社会第三部门失灵，因此管理社会三角形的相互作用需要实行平衡各圈的基本原则。因为，过多的权力掌握在国家手里，会导致市场和公民社会的反抗；过多的权力掌握在市场手里，公民社会会寻找替代机制和建立新经济规范；过多的权力掌握在特定的社会群体手里，会引起其他群体的对立反应。实践中随着时间的推移，这些组织及其相互作用的组合形式在国家之间可以有很大的差异，形成诸如大型私人企业起主要作用的美国模式，社团主义起主要作用的欧洲大陆模式，国家机构起主导作用的东亚模式等。本书指出，关于这些组合和模式哪个更好的问题长期存在争论，没有而且永远也无法达成科学的共识。换句话说，国家治理体系和治理能力不存在唯一可行的最佳做法。

3）可持续发展治理是加强社会三角形的界面管理。不同的组织在社会发展中承担着不同的作用，提供了不同的物品和服务。可持续发展要加强治理体系和治理能力，就是要加强社会三角形的界面管理。这是本书最有创意和启发性的地方。有三个主要的社会界面需要关注，即在政府与市场组织即私人企业之间的界面，在政府与公民社会或社会组织之间的界面，在市场企业与公民社会之间的界面。例如，对于企业和公民社会，政府需要担任强制、推动、伙伴关系、支持等四种基本角色，保证它们有利于可持续发展。从社会三角形的界面讨论企业社会责任，就是要加强企业与政府之间、企业与社会之间的界面管理，打破对企业社会责任的破碎化认识，建立企业社会整体管理的概念。企业社会整体管理涉及两个操作性的层次，一个是在最靠近企业的界面减少由企业直接引起的对社会的负面影响；另一个是在企业非直接影响的界面解决社会问题创造商业机会。这样就可以系统地理解企业微观社会责任管理与宏观可持续发展三重底线（经济底线、社会底线、环境底线）的关系，理解 CSR 的发生发展以及当前为什么要向 ESG 转型。

我推荐本书关于社会三角形模型和界面管理的理论与方法及其在企业社会责任中的应用，主要想法是可以理解可持续发展与治理体系和治理能力现代化的关系，可以看到可持续发展需要关注的主要界面管理在哪里。有四个方面可以强调：一是面向可持续发展的合作治理需要建立政府作为与非政府作为的二维矩阵。从二维矩阵看政府管理从传统管制模式转向合作治理模式，要注意两个方向三种情况，即政府间的合作、政府与企业的合作、政府与社会第三部门的合作。二是政府与企业间的 PPP 模式，或本书中提到的英美市场主义的治理模式。这是新公共管理的研究曾经强调的。对于有一定市场性的公共物品和公共服务，政府可以与企业合作形成合同制的伙伴关系，发挥和用好企业的效率功能。但是企业有营利本性，政府需要加强监管。因为不监管的 PPP 在公平分配和运营成本上常常会出问题。三是政府与社会间的政社合作，或本书中提到的大陆欧洲社团主义的治理模式。这是新公共治理的研究曾经强调的。对于有竞争性但是非排他的公共池塘物品，政府可以与不以营利为导向的社会部门开展合作，建立公共权益信托组织保障公共权益物品与市场物品平衡发展。四是政府与政府间的合作即整体政府模式，例如中国常常采取大项目指挥部的方式统筹协调政府条块之间的关系。这是新公共行政的研究曾经强调的。中国治理模式是党的一元化领导下利益相关者参与的五星红旗模式，其中政府间的合作或善政在整个合作治理的善治体系中具有决定性意义。中国的政府间合作模式，有利于推进跨部门跨地域的合作发展，要研究的问题是这样的界面管理怎样避免临时性，如何通过制度创新固化下来，以便实行整体政府的长期效果。

16

《东西的故事——一件物品的生与死》(2010)

（美）安妮·雷纳德著，东西的故事——一件物品的生与死。

范颖译，杭州：浙江人民出版社，2014

Annie Leonard, The Story of Stuff—How our obsession with stuff is trashing the planet, our communities, and our health—and a vision for change. US: Free Press, 2010

内容简介：本书讲述东西的故事，其实是讲垃圾的故事，讲东西如何变成垃圾的故事。我们身边的每一件东西从诞生到"死亡"至少要经历5个环节，即开采资源、生产制造、销售配送、消费使用以及丢弃处理。本书基于这5个环节，讲述东西经历的各个阶段如何产生了垃圾。作者认为改变垃圾社会的开采—制造—废弃模式，需要打破各自为政的破碎化思考，用零废弃的概念进行系统性的变革。

作者简介：安妮·雷纳德（Annie Leonard）是著名环保人士，被《时代》周刊誉为"环保英雄"。本科毕业于哥伦比亚大学，后在康奈尔大学获得城市及区域规划硕士学位。作为环保短片《东西的故事》制片人，历经25年，跑遍全球40余个国家，走访数百家工厂和垃圾场，调查环境问题和生态可持续性问题。现任国际全球化论坛及全球焚化炉替代方案联盟理事。

垃圾怎么产生又怎么可以消灭

研究城市发展，我喜欢读美国城市记者雅各布斯写的《美国大城市的生与死》；研究循环经济，我喜欢读这本书写的一件东西的生与死。作者有 20 多年研究垃圾问题的经历。这本书讲东西的故事，其实是讲垃圾的故事，讲东西如何变成垃圾的故事。但是本书不是从消费后的废弃物变成垃圾这样一个末端环节讲垃圾，而是从东西的整个生命周期或物质流的全过程，即开采、制造、物流、消费、扔弃五个环节，讲垃圾是怎样产生的，以及对人类社会产生的资源环境影响。阅读本书，我们可以对垃圾问题的发生发展建立完整的图像。但是作者不仅提出问题，也基于零废弃和循环经济的概念提出解决问题的方向。本书在物质流的五个环节，分别针对代表性的问题，提出了有循环经济意义的减少这个环节垃圾产生的做法。

一是在原料开采阶段。物质经济始于开采原材料，而把基本原料从地底下挖出来，加工处理后进工厂，还要耗掉很多其他原料。以造纸为例，主要的原材料来自开采树木。但是造纸除了树木，还需要金属工具、车船运输、水做纸浆等。研究表明，做 1 吨纸须花上 98 吨的其他物质材料，而美国家庭垃圾中大约 40% 是纸张。因此扔掉一张纸垃圾，就是扔掉许许多多背后隐藏的物质资源。针对原料开采阶段的问题，作者指出物质经济应该最大程度降低天然资源的使用量，回收利用废弃物作为再生资源。例如，解决纸张垃圾的循环经济做法，是让造纸慢慢变成一个自我循环，即用用过的纸来造纸，而不是用树木来造纸。

二是在生产制造阶段。现代生产的一大问题是出现了许多地球上没有的合成材料，20世纪中叶以来逐渐成为物质经济的主导。问题是，大部分的合成物对人类都是未知数，我们不晓得这些东西变成垃圾对人类和地球的健康会带来什么样的冲击。事实上许多合成产品是有毒有害的危险物品，例如PVC塑胶，即一般说的乙烯基，在各个阶段各种场合都有极高的危害性，因此现代物质生产已经趋向于控制PVC。而美国人每年丢出高达70亿磅的PVC，其中20—40亿磅跑到了垃圾填埋场。针对生产制造阶段的问题，作者指出生产制造的关键是设计，需要在这个第一阶段倡导仿生学的概念与方法，用生态相容、无毒无害的原料，替代有毒有害的合成原料。除此之外，生产制造阶段还要注意制成产品的可分解性、可拆解性和可耐用性。

三是在销售配送阶段。今天的物质经济，使得几乎人人都能买到地球另一端制造的东西。但是东西需要船、卡车、飞机、火车等的长途搬运，才能送到全球的供应链和消费者手中。由此带来了大量的资源能源浪费，产生了大量废弃物和运输包装垃圾。例如，每年全球船运业消耗了1.4亿吨之多的化石燃料，2005年在全球发达国家化石燃料排放的二氧化碳中，船运业占了30%。针对销售配送阶段的问题，作者指出解决问题的出路之一是尽可能发展在地化的经济。例如，现在许多人选择支持在地的农业和食物供应商，既可以吃得新鲜、健康、美味，也可以减少物流以及相关的各种运输垃圾。

四是在消费使用阶段。消费使用是最容易产生垃圾的阶段，作者说2002年，平均每个美国人买了52件衣服，平均每个美国家庭每个礼拜要丢掉1.3磅（约合0.59千克）的衣服。问题不是反对正常的消费，这是满足基本需求提高生活福祉的必要消费；而是要反对从美国开始蔓延的消费主义的过度消费和攀比消费。过度消费是说，我们消费的东西远远超过了需要，超越了地球能够供应的数量。攀比消费是说，横向之间竞争高消费，物质消费虽然越来越多，但是快乐感没有同步增加。针对消费使用阶段的问题，作者指出解决过度消费问题的关键，是解决物质消费不平等和穷富差距。此外在可持续发展的时代，我们需要从拥有型的消费向共享型的消费进行转型，这种方式不仅能够减少资源消耗，也能满足我们的需求，附带的好处是强化人际关系。

五是在丢弃处理阶段。在物质经济中消费后的东西最后都成为垃圾，被送往填埋场填埋或者焚烧厂焚烧。事实上，最大的资源浪费是垃圾本身。垃圾填埋场往往占地数百亩甚至数千亩，而原本好好的土地只能堆放垃圾，几年后填满了又要占用新的好土地。垃圾焚烧厂看起来是把废弃物转化为能源，其实是在浪费能源。因为焚烧垃圾取得的能源只有原料热能的很小部分，不仅在数量上微乎其微，而且因为含有温室气体而相当肮脏。针对丢弃处理阶段的问题，作者指出解决问题的做法是在 3R（reduce，reuse，recycle）原则上的回收利用。回收利用本身，当然比焚烧和填埋要好得多，但是它只是 3R 原则中的最后一项。我们应该先做减量与再利用，不得已才回收利用。

本书的制高点是提出零废弃是解决垃圾社会问题的根本之道。针对垃圾社会的开采—制造—废弃模式和物质流的五个环节，作者批评现在从末端环节或者某个单一环节处理垃圾的做法是破碎化的，没有形成系统的思考。作者认为，需要引入零废弃的概念检视我们创造废弃物的整个体系，从开采到生产到配送一直到消费与丢弃，覆盖物质流的全过程。作者认为零废弃作为可持续发展的一种哲学、一种策略以及一套实用的工具，不是要管理废弃物，而是要消除废弃物。零废弃不是在物质流的某个环节作垂直方向的局部改进，而是在物质流的所有环节作水平方向的整体改进。在上游生产端对废弃物做根本性的预防，要求企业负起生产者延伸责任；在下游消费端呼吁社会公众改变消费方式，在末端做好废弃物的回收利用和堆肥；与此同时，要求政府制定相应的法规和政策，把零废弃的概念纳入发展体系进行推进。

17

《2052：未来四十年的中国与世界》（2012）

（挪威）乔根·兰德斯著，2052：未来四十年的中国与世界。

秦雪征、谭静、叶硕译，南京：译林出版社，2012

Jorgen Randers, 2052：A Global Forecast for the Next Forty Years. White River Junction: Chelsea Green Publishing, 2012

内容简介：本书对未来四十年的人类可持续发展进行了趋势预测。好消息是，在能源效率方面我们将看到深刻的进步，我们会更多地关注人类福祉而不是人均收入的增长。但变化也许并不会如我们期望的那样大，贫穷的人口仍然生活在穷困当中，失去控制的全球变暖也是可能出现的。本书提出了我们如何通往未来的现实之路，讨论我们为自己以及子孙们的更美好的未来还需要做些什么。

作者简介：乔根·兰德斯（Jorgen Randers），罗马俱乐部元老级人物。早在麻省理工学院斯隆商学院攻读博士学位时，二十五岁的他就参与到《增长的极限》一书的研究写作之中，从此开始一步步成为世界级的可持续发展研究者。他曾任世界自然基金会瑞士副总干事、BI 挪威商学院院长，领导了挪威减少温室气体排放委员会的工作。著有《增长的极限》《超越极限》《众生的地球》等。

从《增长的极限》到《地球 2052》

2012 年，是联合国确立可持续发展战略 20 周年，也是罗马俱乐部发表《增长的极限》一书 40 周年。2012 年我最有意思的两件事情：一是到里约参加联合国里约 +20 可持续发展世界峰会和国际生态经济学双年会，重点讨论绿色经济等问题；二是兰德斯为纪念《增长的极限》40 年出版新著《2052：未来四十年的中国与世界》(以下简称《地球 2052》)，国内出版社翻译该书请我写评论。2013 年该书中译本出版后我邀请他来同济作报告。以下是当年推荐《地球 2052》一书的原文：

一直认为，如果要推选最近 100 年对世界发展思想有影响的著作，《增长的极限》肯定是其中最重要的，没有之一。研究可持续发展经济学，梅多斯等人《增长的极限》与戴利的《超越增长》可以说是百读不厌的经典。手头有《增长的极限》三个版本（1972，1992，2004），其中 1992 年的中译本就是在自己主持的 2001 年的绿色前沿译丛中翻译出版的。2011 年在瑞士达沃斯参加世界资源论坛，也与主要作者丹尼斯·梅多斯有过交谈，送我一本 2004 年的新版。临近《增长的极限》40 周年，一直关心有没有新的版本。前年在上海世博园区远大馆与罗马俱乐部主席交谈，得知进展中的《地球 2052》的一些信息；去年文汇报纪念《增长的极限》40 周年，采访我和罗马俱乐部秘书长，后者重点谈了这本新书；去年年末到日本大阪开会，正好在书店买到这本书的英文版。现在看到那么快就出了中文译本，当然感到高兴和欣慰。

兰德斯是过去40年三次参与撰写《增长的极限》的主要作者之一。这次写《地球2052》是要展望未来40年的世界和中国。因此，将现在的书与40年前《增长的极限》作比较，看看有什么相同和不同应该是有趣的。特别是，兰德斯的新著，对美国、中国、OECD其他国家、BRISE、世界其他地区（ROW）的未来发展趋势有详细讨论，看看世界著名的极限学派怎样看中国，也是有趣的。这里从三个方面谈谈对《地球2052》的看法，作一些比较。

1. 从增长有极限的角度看世界

与二战以来到现在一直主导世界发展的新古典经济学对立，1972年出版的《增长的极限》倡导了另一种非常不同的发展观。如果前者可以说是增长范式，那么后者就是极限范式。将兰德斯的《地球2052年》与40年前的《增长的极限》作比较，最强烈的感觉是坚持并且进一步强化了极限范式的思考方式和发展理念。过去40年来，《增长的极限》一直被看作是极端环境主义、未来悲观主义、地球末日主义的代表。内行人经常开玩笑，如果有人断言《增长的极限》是提倡零增长和悲观主义的，可以断定他根本没有读过《增长的极限》这本书。其实，《增长的极限》的第一作者德内拉·梅多斯恰恰是一个发展问题上的乐观派——她相信只要能够把足够多的正确信息传递到人们的手中，是可以逆转我们这个世界不可持续的发展状况的。事实上，《增长的极限》比可持续发展概念出现早 20 年，它的思想直接影响了后来的可持续发展经济学。现在《地球 2052》再次雄辩地证明，极限范式既不是悲观主义，也不是乐观主义，而是主动应对地球危机、要求未来生活更美好的现实主义。兰德斯在《地球 2052 年》中划清了对极限范式的三个误解，进一步强调了发展范式需要转化的重要性。

（1）对经济与环境关系的看法。把极限范式看作反对增长是过去 40 年的第一个大误解。这涉及对经济系统与环境系统相互关系的看法。主流的增长经济学一直反对把经济系统放在环境系统中进行考察，证据就是在经济学的教科书中，经济系统中生产与消费之间价值流的循环是不需要生态系统的物质流循环作为前提条件的。《增长的极限》和《地球 2052》讨论问题的出发点，是认为经济系统包含在自然系统之中，生态系统对于经济系统的意义，表现为作为源的资源输入（source）和作为汇的污染吸收（sink）。在一个有限的地球生态系统内，物质要有无限的指数增长是不可能、不现实的。因此，谈到增长的时候，就需要区分两个不同意义的增长，物质意义的增长是有极限的，而非物质意义的发展是没有极限的。例如，地球气候吸收二氧化碳排放的能力是有限的，但是人们对发展质量的追求可以是无限的。这个道理，如同人的个子在年轻的时候有物理性增长，然后转向没有物理增长的体质发展是一样的。

（2）对世界发展的乐观与悲观。认为极限范式是在宣扬和倡导悲观主义，是第二个历史性的误解。兰德斯在新著中一开始就引用了一段话说："不，我不是一个乐观主义者。因此，我不相信一切都会顺利。但我同样也不是一个悲观主义者。这意味着，我并不会相信一切都会出问题。我是一个充满希望的人。这是因为，没有希望，就绝不会有进步。希望，像生命一样重要。"一般地说，在经济与环境的关系问题上，可以区分为三种不同的态度。增长主义的主流经济学往往是乐观主义者，强调技术与市场的力量，认为地球自然资本可以通过技术创新进行替代，市场价格可以调控资源环境的稀缺性，因此经济系统可以消耗环境系统无限增长；极端环境主义往往是悲观主义者，强调环境资本的不可替代性，认为技术和市场无法解决自然资本的绝对稀缺，因此从环境系统最大化的角度反对经济增长；而极限范式属于包容经济与环境两者的现实主义范式，它并不笼统地反对增长，而是要求增长应该在环境承载能力之内展开，发展中国家需要增长，而发达国家需要稳态。当物质消耗达到自然极限的时候就应该更多地从增长转向发展，因此有没有过冲是极限范式的关键概念。

（3）超过极限的控制与不控制。认为极限范式鼓吹世界必然走向崩溃，是第三个想当然的误解。其实，极限范式一

直在强调社会发展可以有两种不同的超越极限状态。一种是
没有控制的超越极限，这样的结果就是崩溃。例如，尽管从
20 世纪 60 年代开始人们就提及了气候变化对于人类的严重影
响，但是直到 1997 年世界才签订京都议定书，直到今天有关
低碳发展的政策仍然被抵制执行或者打折扣，就是对于气候
过冲问题的懈怠应对态度；另一种是有控制的或者有管控的
减少增长或下降（managed decline），这是在过冲出现的时候
主动减少经济增长。在这种情况下，人类社会将更多地从关
注人口增长和人均物质消耗增长即 GDP 规模的扩展，转向物
质消耗稳态状态下的福利增长。同 40 年前的《增长的极限》
一样，《地球 2052》认为，可持续发展的社会就是主动进行有
管理的下降，或者说繁荣地走向衰退，而不是过冲状态出现
后任其走向崩溃。这是极限范式所要表达的政策观点，也是
它的积极意义所在。

2. 对未来 40 年世界发展进行有据猜测

　　虽然过去 40 年的风吹雨打并没有改变极限范式的基本理
念和思想方式，但是从《增长的极限》的三个版本到现在的
《地球 2052》，却是极限理论的版本升级，研究的深度和广度
是与时俱进的。如果 1972 年的 1.0 版第一次提出了物质增长
有极限的观念，1992 年的 2.0 版强调过冲已经发生需要有管
制的减低经济增长，2004 年的 3.0 版提出超越极限的目标是
让人类发展与生态足迹脱钩，那么现在的《地球 2052》可以

看作是开启新方向的 4.0 版，乔根在新著中超越以往的情景分析方法，大胆对未来 40 年的发展进行有据猜测，在研究方法、发展趋势、适应能力、国别比较上都有新的发现。

（1）研究方法。《地球 2052》的研究从原来的基于计算机的多情景分析转为基于数据和专家判断的更加肯定的趋势预测。过去三个版本的《增长的极限》采用的是情景分析研究方法，即假定有什么条件，会产生什么样的发展结果。按照三种面对过冲的态度研究了 11 种情景，即完全不考虑存在过冲状态的情景 0—情景 2，在技术与市场上进行效率改进的情景 3—情景 6，在技术改进的同时减少增长到稳定状态的情景 6—情景 10。在《地球 2052》中，兰德斯所做的是与以前完全不同的事情：希望在《增长的极限》提到的最有可能发生的第三种情景基础上，综合专家的判断和准确的数据，对未来 40 年最有可能发生的事情进行预测。当然，这种预测不是精确的事件预测，而是大方向的趋势性预测。

（2）发展趋势。《增长的极限》三个版本均假定，在只有技术与市场努力、没有控制经济增长的情况下，世界发展大致有三个阶段，2000 年之前是极限内的增长，2000—2050 年之间超越极限出现过冲，2050 年左右很可能出现崩溃。《地球 2052》的研究，用数据证明了世界发展符合原来的情景 2 或者情景 3，除此之外并没有太大、太超出意料的全新发现。基本结论是：虽然人类有管制的行动有所增强，未来 40 年内世界发展状态不会出现崩溃，但是情况仍然在变得糟糕。兰德斯在新著中指出，未来 40 年由于人口和经济增长的速度以及由此导致的生态足迹已经在减小，因此崩溃的时间已经明显向后推迟了。一些关键性的数据是：人口增长趋势在减慢，不像以往所说的到 2050 年达到峰值 90 亿，而是 2040 年达到峰值 81 亿；经济增长在减速，不像以往每年平均增长 3.5%，40 年里翻两番是原来的 4 倍，而是到 2050 年只是 2012 年的 2.2 倍；同时技术进步保持过去 40 年的改进速度，并且更多地从发达国家扩散到发展中国家；能源消耗、二氧化碳排放和生态足迹增速在变慢，但是不像所期望的那样在 2020 年而是延迟到 2030 年才能达到峰值，到 2050 年二氧化碳排放的量不是比 1990 年减少一半，而是与 2010 年相当达到 320 亿吨，因此仍然超过了温度上升不要超过 2 度的安全目标。

（3）适应能力。虽然人类已经有了一点主动的管理行动，以避免"自然导致下的崩溃"走向"主动管制下的减少增长"，但是兰德斯不相信人类特别是发达国家会革命性地控制经济增长规模，因此主动的管理增长，相对于自然退化的速度仍然是太慢了。兰德斯认为，关键的增长极限不是现在强调的能源资源的约束，相反由于人口规模和经济规模的变小，能源供给是能够满足经济增长的；主要的抑制因素是人类活动带来的温室气体排放，地球气候目前已经处于过冲状态，温室气体排放量已经超过海洋和森林可以吸收量的两倍。如果人类不能进一步增加低碳转型的力度，用最多只占全球 GDP 2% 的成本投入，提高能源效率、使用可再生能源、控制人口增长和减少经济增长，那么 21 世纪后半叶就会面临地球温度上升超过摄氏 3 度的危险，出现崩溃性的灾难，导致生活质量的大幅度下降。2052 年以前会有许多过冲的现象发生，但是真正的考验是在 2052 年以后。气候变化对于经济社会的影响是，部分与绿色经济有关的产业部门将会得到长足的发展，但由于各国将更多的资源用于修补和应对全球气候的灾难性后果等原因，全球 GDP 发展乏力，实际可支配收入的增长将非常有限。世界上 80 亿人中，除了美国、OECD 以及中国等 50 亿人成为中产阶级社会，其他 30 亿人仍然陷于贫困，从而导致社会紧张和冲突增加，进一步压低生产率的平稳增长。

（4）区域差异。《地球 2052》的全新内容是，新著从增长适应的角度，对五个不同发达状态的区域或者国家开展了分类研究。发现世界总体在被动和主动向着减少经济增长方向发展的同时，有不同的区域分布特征：美国与 OECD 国家人均财富增长变缓甚至停滞，中国以及 BRISE 国家等有大幅度增长，世界其他地区（ROW）仍将陷于贫穷，但是所有人——特别是贫穷地区的人——都将生活在日益混乱和气候遭到破坏的世界之中。兰德斯的结语只是简单的一句话："我要说的只剩下一件事：请帮助证明我的预测是错误的。"虽然他对美国悲观对中国乐观，虽然他指出欧美将从关注经济增长转向关注福利增长。我不满足的是，2004 年更新版引入人类发展指数和生态足迹，讨论世界从关注增长转向关注福利，他没有接续和深化这个新的方向，仍然是用经济增长在比较中国和美国，他的发展观念和指标研究好像有点突击。我同意未来40年美国和欧洲的经济增长将更加缓慢，但是转向福利增长并不表示变坏；同样道理，中国的经济增长肯定要比他预测的要快，但是仍然存在着增长快于福利的问题，因此也并不必然乐观。

3. 对中国绿色发展的意义和启示

虽然对2052年的世界发展不乐观，但是乔根对中国的发展是看好的，认为未来世界的领导者将从美国转移到中国。主要理由不仅是因为中国的人口减少、经济增长、效率提高，更重要的是基于对中国宏观调控能力的信心。他认为资本主义的短视，已经无法作出保障长期利益的明智决策，而中国多年来实行的五年计划以及当年的绿色转型能够以系统性的方式，将中国建设成为符合其长期目标的国家。笔者经常与国外学者打交道，虽然有少数悲观论者，但是发现大多数外部观察者对中国未来发展抱有乐观态度，乔根看起来也是其中的一个。比较起来，我们作为内部人，反而要谨慎很多。我个人当然相信中国崛起是毋庸置疑的，但是在地球自然资本整体存在极限的情况下，中国发展的关键是绿色崛起而不是传统的黑色增长，而绿色崛起需要大幅度地加强有管制的经济增长。想到《地球2052》可以对中国绿色发展具有三个方面的意义和启示：

（1）中国经济增长如何应对自然极限。《增长的极限》和《地球2052》均强调在经济增长的初级阶段，在离开地球极限很远的范围，经济增长与生态足迹的同步上升是应该允许的，但是在逼近地球极限的时候就要面临三种选择。一种是发展超过极限，但是仍然拼命追求增长，结果导致无作为、自然性的崩溃；第二种是超过极限主动降低经济增长，回到极限内取得稳态发展；最好的第三种模式是在逼近极限没有超过极限以前，就主动进行调整，然后平稳地在极限内发展。我曾经发表论文说，第一种是追求无限增长的传统发展A模式，第二种是发达国家的绿色转型B模式，第三种是发展中国家可能有的跨越式发展C模式。当前，中国经济增长的生态足迹仍然低于世界人均水平，但是已经非常接近。中国未来健康发展的最好选择应该是：C模式为首选，B模式可接受，A模式无论如何要谨防。以化石能源消耗和二氧化碳排放为例，就是中国应该努力以低于欧洲和日本人均10吨排放的水平实现现代化，还是更主动地控制在人均低于10吨的水平，或者更被动地走上美国那样人均排放20吨的状态。按照乔根的预测，中国是很有可能超过人均排放10吨的。如果这样，那么中国就会成为不仅是总量意义上而且是人均意义上的世界排放最大者，仍然在沿袭A模式的传统发展道路。

（2）极限内的增长需要系统变革。从《增长的极限》到《地球2052》，作者们前后一致地强调，增长超越了极限之后可以有三种态度和政策。第一种态度，是否认、掩盖或混淆经济增长出现极限的信号，声称市场和技术会自然地解决问题，这样做表面上是乐观的，其结果却是使人类生活的状况更加恶化。第二种态度，是认为可以通过技术或者价格手段提高生态效率缓减来自极限的压力，但是作者们认为这只是延缓了世界退化的时间，而没有从根本上消除压力产生的根源。例如，随着技术效率的改进，虽然单位交通驾驶的污染减少了，但是私人车辆却越来越多；虽然污水处理能力提高了，但是污水排放却在持续增多。第三种才是极限范式所提倡的态度，即积极地承认经济增长的物质规模超过了生态极限，马上着手解决经济社会发展模式背后的根源问题，进行系统的结构性调整。因此，无论 B 模式还是 C 模式，要在极限内稳态发展，仅仅靠技术改进和市场手段提高效率是不够的，需要进一步对经济增长的物质规模进行调控，从一味地追求高的经济增长转向一定经济增长下的福利即人类发展的提高。举例来说，我们对中国能源消耗与二氧化碳的实证研究发现，虽然中国能源生产率和二氧化碳碳生产率，过去几年有平均每年 3%—4% 的提高，但是由于经济增长每年高达 10%，因此仍然要超越预期的高能源消耗和高二氧化碳排放。这说明中国当下的绿色发展需要超越技术与市场的视角，更多地转移到控制产能扩张和经济规模上来。

（3）经济调整需要从被动转入主动。众所周知，2008 年以来中国经济增长速度的下调，很大程度上属于金融危机导致下的被动下调。许多人仍然期盼，经济稳定以后，仍然可以并且需要有相当高的上升。从经济增长存在自然极限的情况来看，这是不现实的。事实上，未来的发展与其走上因为超越自然极限而导致的自然性崩溃——某种角度金融危机就是这样的危机——不如走向有控制的主动下调。我们在经济很热的时候也遭遇过因为能源供应不足而拉闸停电缩小生产的情况。从这个角度认识当前我国经济政策从过去 30 年平均每年 10% 的高增长调整到平均每年 7—9% 的中高性增长，就可以看到这不应该是短期的政策而是长期的战略，看到这就是中国经济需要绿色转型实现升级版的意义。

18

《可持续发展导论——社会、组织、领导力》（2012）

　　（荷）埃琳娜·卡瓦尼亚罗、乔治·柯里尔著，可持续发展导论——社会、组织、领导力。江波、陈海云、吴赟译，上海：同济大学出版社，2018

Elena Cavagnaro & George Curiel, The Three Levels of Sustainability. London: Greenleaf, 2012

内容简介：本书提出了可持续发展管理三层次的三角形模型（TLS），三角形的顶点分别是经济、社会、环境，三个层次从外向内依次是社会管理、组织管理、个人管理。可持续的社会管理，讨论经济发展、环境保护和社会公正等问题是如何产生的。可持续的组织管理，讨论组织在可持续性三个维度上的发生发展。可持续的个人管理，讨论可持续性领导力及其与组织管理和社会管理的关系。

作者简介：埃琳娜·卡瓦尼亚罗（Elena Cavagnaro），荷兰斯坦德大学服务业研究领域的教授，1996 年获荷兰阿姆斯特丹自由大学博士学位，1997 年加入斯坦德大学，2004 年成为该大学服务业研究领域的教授。她对可持续性有着多维度多层次的理解，其研究主要关注组织层面和社会层面以及个体层面的问题。

乔治·柯里尔（George Curiel），斯坦德大学研究生院的兼职讲师和顾问，他曾在荷兰安德烈斯群岛大学获得商业管理的理学学士学位，在耶鲁大学获得经济学硕士学位，主要工作是为政府和社会组织提供有关可持续发展的新视野和战略咨询。

可持续性管理的三个层次

研究可持续发展，特别是在经济管理学院给管理实践者讲可持续发展，多年来我一直觉得需要从管理角度进行整合和展开。2000 年左右，时任联合国秘书长安南在可持续发展的三个支柱基础上，强调要加入第四个支柱即治理。管理大师德鲁克曾经将管理分为宏观的社会管理、中观的组织管理、微观的自我管理三个领域，我觉得可持续发展的管理，也可以对应地分为可持续发展的社会管理，可持续发展的组织管理，可持续发展的自我管理三个层次。因此，读到荷兰卡瓦尼亚罗等写的这本《可持续发展导论》(英文书原名为《Three Levels of Sustainability》)，有所见略同、相见恨晚的感觉。

本书最有创意最有启发性的地方是把可持续发展的经济、社会、环境三重底线与管理的三个维度即社会管理、组织管理、自我管理整合起来，建立了可持续性的 TLS 模型。TLS 模型是一个三层次的三角形图形。三角形的顶点分别是经济、社会、环境即可持续性的三个领域。三个层次从外到内、从大到小形成三个包含式的三角形，表示有内在的理论逻辑。最外层是可持续性的社会管理，讨论国家和政府在可持续发展中的作用；中间层是可持续性的组织管理，讨论组织特别是企业组织在可持续发展中的作用；最内层是可持续性的领导力，讨论个人和领导力在可持续发展中的作用及其与组织管理和社会管理的关系。

本书的结构是按照 TLS 的三个层次进行组织和展开的。第一篇包括 1—4 章，主要讨论宏观社会管理层面的可持续性三个支柱。内容涉及经济发展、环境保护、社会公正等三个主要的发展问题是如何产生的，1987 年世界环境与发展委员会如何用可持续发展的概念将它们结合成为可持续发展的三个支柱，总结了 1987 年以来国际、区域及国家层面为实现可持续发展所作的努力。

第二篇包括 5—8 章，主要讨论中观组织管理层面的可持续性三个 P。1997 年英国学者埃尔金顿（Elkington）在其出版的《餐叉食人族》(Cannibals with Forks) 一书中提出了可持续性组织的三重底线概念或 3P 概念即利润（profit）、人（people）、地球（planet）。本书中讨论了可持续性组织在利润、人、地球三个具体维度上的历史发展，重点探讨那些将可持续发展视为己任的组织该如何运用重要的工具和方法来实现可持续发展的愿景、使命和战略。

第三篇包括 9—11 章，主要讨论个体管理和领导力层面的可持续性三个在乎。在概括以往领导力研究的基础上，运用可持续性框架分析个人层面的三个在乎即在乎自我、在乎你我、在乎万物。强调可持续发展的自我管理是可持续发展领导力的源泉，决定和影响着组织层面和社会层面的可持续发展管理。个体层面的可持续性管理要强调三个价值观，即在乎自我的个人管理价值观，在乎你我的社会关系价值观，在乎万物的人与自然价值观。这使得每个人都有能力成为潜在的领导者，在迈向可持续发展的组织转型和社会转型中发挥作用。

研读本书最主要的思想收获和启发有两个方面，一是用TLS模型把有关可持续发展与管理的破碎化知识整合起来，二是有关微观个体层面可持续性领导力的讨论及其对于中观组织管理和宏观社会管理的基因性意义。这两个方面的研究以往是较少涉及的。具体来说，我个人认为可以在三个方面进行深化研究和思考：

1）TLS模型的概括为深入研究三个维度的可持续性管理提供了特色性的语言和基础。在宏观社会管理三个支柱的基础上，要深入研究弱可持续性的三圈相交模型与强可持续性的三圈包含模型；在中观组织管理3P概念的基础上，要深入研究弱可持续性的生态效率与强可持续性的生态效益概念；在微观个人管理三个在乎的基础上，要深入研究不可持续性的过度消费与可持续性的乐活消费问题。

2）一个人在组织管理和社会管理中有领导力，很大程度是因为他有可持续发展导向的自我管理能力。不能设想，一个人的自我管理是糟糕的，他领导的组织和社会会有出色表现。领导力看起来是与他人的关系，其实重要的是管理好自己，只有管理好自己才能够领导好他人。

3）有关个人管理，大家都知道马斯洛心理学的五个需求。其中，生理需求，要有空气、水、食物和睡眠等维持生存；安全需求，要避免遭受身体和心灵的伤害；社交需求，要与他人交往获得友情、归属感等；尊重需求，要得到关注、有社会成就感等；自我实现，要能够发挥个人最大潜能。研究可持续发展，可以把马斯洛的五种需求对应于四种资本，形成"四商"整合的个人管理。满足生理需求是个人的自然资本管理，满足安全需求是个人的物质资本和人力资本管理，满足社交需求和尊重需求是个人社会资本管理，而满足自我实现需求是用精神资本或灵商统摄智商、情商和绿商。

19
《第四消费时代》（2012）

（日）三浦展著，第四消费时代。马奈译，北京：东方出版社，
2014

Miura Atsushi, Daiyon No Shouhi. Japan: Asahi Shimbun, 2012

内容简介：本书将日本消费社会归纳为四个阶段：从重视家庭的第一消费，到追求奢侈品的第二消费，以及崇尚个性的第三消费，再到重视环保、乐于共享的第四消费时代。本书用个人—公共、占有—使用的二维矩阵分析消费时代的变迁，强调第四消费时代的特点是共享消费，是从消费关注于物转变到消费关注于人。本书的分析对于理解可持续发展带来的社会消费方式变化具有重要意义。

作者简介：三浦展（Miura Atsushi），1982年毕业于日本一桥大学社会学部，1986年任市场营销杂志《穿越》主编，1990年进入三菱综合研究所，1999年成立文化研究所。因为在研究消费问题和城市问题上提出新的社会改造方案，被称为是研究"日本消费社会"的思想家。第四消费时代的概念，可以用来深入研究共享经济和消费方式的可持续发展。作者代表作还有《极简主义者的崛起》等。

第四消费时代的关键是共享消费

2012 年三浦展的《第四消费时代》一出来，读到书我就觉得眼睛一亮，觉得第四消费时代强调共享消费是亮点。不过，《第四消费时代》中文版出来后十多年，社会上对这本书的评论不少，但是强调共享消费却不多。我推荐这本书，想要强调这是第四消费时代的最大特色，与可持续发展和循环经济特别有关联。说实话，如果不是因为讨论共享消费，我恐怕不会对这本书感兴趣。研读《第四消费时代》散发在全书中的共享消费论述，觉得有四个方面应该多加关注和体会：

1）建立个人—集体和占有—使用的消费矩阵。对本书，大家谈得多的是有关消费的四个时代，其实更重要的是作者提出的有关消费的二维分析框架。这个分析框架有两个维度，一个维度是消费的私人与公共，另一个维度是消费的占有与使用。由此形成二维矩阵四种情况，即私人和占有的，如私人小汽车；私人和租用的，如出租汽车；公共和拥有的，如公司或组织集体拥有的车队；公共和使用的，如公共交通地铁等。其中除了私人和占有的象限，其他三个象限均属于共享经济和共享消费的范畴。用这个分析框架可以看到消费形式的特征与差异以及对资源环境和人际关系的影响。研究循环经济，我强调分享经济或者不卖产品卖服务是循环经济的高级形式。2013 年美国开始流行 Uber 和 Airbnb，2016 年中国开始出现共享单车，我就用以上的消费矩阵分析共享型消费与拥有型消费的不同。

2）从消费矩阵看不同消费时代变迁的正反合。作者提出四个消费时代及其转化甚至预言有第五消费时代，强调这是日本社会独有的，而不是普遍的。我觉得，从消费矩阵看人类消费的发生发展和未来，关键是看到人类消费方式正在经历正反合的三段论变革。第一消费时代是工业化初期的物质短缺时代，共同使用为主导，私人拥有财产是稀缺，大多数人没有私人汽车。拥有私家车是极少数上流社会阶层才有的奢侈；第二消费和第三消费时代是工业化发达后的物质丰裕时代，私人拥有物品成为主导，经济因为私有领域扩大而增长，每个人每户家庭有汽车甚至有多辆汽车，第二消费时代和第三消费时代是这个私有财产最大化的两个小阶段，前者追求大众化的多，后者追求个人化的多；第四消费时代（个人的共享）乃至第五消费时代（城市的普遍共享）都属于后工业化的共享消费时代，与高度消费的取向相反，不是私人拥有的东西可以通过租借、公有、共同使用等分享方式来获得使用，因此可能出现的情况是，几个人甚至几户家庭去共用一辆车。

3）共享消费是可持续发展导向的消费范式变革。可持续发展导向的消费要求经济、社会、环境的三重效益。工业化时代的消费主义在三个方面都是不可持续的，因为超过基本需求的高消费和过度消费，总是与生态环境影响和穷富两极分化正相关。而共享经济和共享消费具有可持续发展要求的三重效益。在经济上，共享消费是质量型消费，可以用较少的经济成本使用高质量的物品和服务，社会不需要大量生产大量消费，而是用合理规模的高质量生产满足增长的社会需求；在环境上，共享消费是绿色消费，通过共用和重复使用提高物质资源的使用率和循环率，减小了对地球生态环境的影响；在社会上，共享消费是乐活消费，加强了人际之间的互动互利，从传统的购物的快乐变成了交往的快乐。除此之外，共享消费，也使得过度依赖全球供应链的消费运动变成了分散化、在地化的消费，从传统的集中式转向分布式的活动。概括地说，可以认为第三消费时代以前的消费是以"物"为焦点，而在第四消费社会中消费是以"人"为焦点。对于人类来说，重要的不是消费了什么，而是得到了什么样的福祉。

4）作者提出要用日本式消费替代美国式消费。作者在本书中进一步发挥了一种对第四消费时代和共享经济有理论含量的说法：在成长与扩展的时代中，全世界都在向一个方向前进，因此"先进的—落后的"这种时间轴自然成为一个优先指标（比如，发达国家是先进的，城市是先进的，等等）。然而，到了稳定期，人们则开始去发掘各个地方在风土和地理上的多样性，以及固有的价值观。本书最有意思也是可能引起诸多讨论的地方，经济学家常常认为过去30年是日本经济失落的30年，作者却认为过去30多年的日本发展是在走一条后高速增长时期的可持续性发展模式。世界上的消费主义是从美国开始然后扩展到全世界，日本也曾经受到美国式消费主义的影响。但是作者认为最近30多年的日本，通过第四消费时代和共享经济是在探索超越美国方式的新的现代化，例如书中提到的从美国式的私人拥有郊区生活到日本式的大家分享城市生活。重要的是作者认为这是许多日本人的现实感觉。作者在书中说了一大段值得玩味的话：想想看，所谓的"经济大国化"其实就是欧美化。所以，无论成为怎样的"经济大国"，日本人仍然无法发自内心地为此感到高兴。恐怕这个想法从20世纪60年代起就已经存在了，它产生的原因是日本人意识到经济的发展是以牺牲和牺牲了日本过去的美好为代价的。因此，尽管GDP被中国超过，成为世界第三，但是日本人并没有难过。

我读这本书，前后买了两次中译本。2014年第一版的时候看到本书有新意有前瞻性地讨论共享经济，买了一次；2023年十年纪念版的时候看到作者在再版序中增加了有关共享经济的讨论，又买了一次。现在再回过头去写读书收获，觉得本书提出的消费矩阵以及用此分析共享经济的发生发展，对于研究中国下一个40年的可持续发展和社会消费，仍然具有重要的启发意义。特别是有关共享经济的讨论，可以把中国20年前开始、在世界上有引领意义的循环经济研究提高到新的层次。

20

《造福世界的管理教育：商学院变革的愿景》（2012）

（瑞士）凯特琳·穆夫等著，造福世界的管理教育：商学院变革的愿景。周祖城、徐淑英译，北京：北京大学出版社，2014

Katrina Muff et al., Management Education for the World:
Vision for Business Schools Serving People and Planet. New
Jersey：Princeton University, 2012

内容简介：人类目前面临很多全球性的挑战如气候变化、穷富差距等，而要解决这些问题，需要政府、企业、NGO 等多方面的努力。本书提出 50+20 愿景，指出管理教育需要发起可持续发展导向的重大变革，从传统的学院派象牙塔模式走向更多的社会服务模式。管理教育需要在三个层次实现 3 个远大愿景，即培养有全球责任感的领导者，促成商业组织为共同利益服务，参与企业和经济转型。

作者简介：凯特琳·穆夫（Katrina Muff），在瑞士洛桑商学院取得工商管理硕士和博士学位，从 2008 年起担任洛桑商学院院长。在她的领导下，学院的愿景得以在关注企业家精神的基础上增加了责任和可持续发展，从而拓展形成了支持教育和应用研究的三大支柱。

本书其他作者包括：托马斯·迪利克（Thomas Dyllick），责任与可持续发展大学代表。马克·德雷韦尔（Mark Drewell），全球负责任领导力倡议组织首席执行官。约翰·诺思（John North），全球负责任领导力倡议组织项目主管。保罗·什里瓦斯塔瓦（Paul Shrivastava），蒙特利尔肯高迪亚大学教授。乔纳斯·黑特尔（Jonas Haertle），联合国全球契约办公室负责任的管理教育原则秘书处主任。

可持续发展需要管理教育变革

读到《造福世界的管理教育》这本书的第一印象，是想到可持续发展导向的管理教育及其范式变革开始有了内部人的强大基础。本书由一群为倡导"50+20"愿景而志同道合的管理教育研究者著成。"50+20"是由全球负责任领导力倡议组织（GRLI）、世界商学院促进可持续经营管理事会（WBSCSB）以及负责任的管理教育原则（PRME）联合发起的一项协作倡议。目的是在 2012 年的联合国里约 +20 可持续发展世界峰会上正式提出可持续发展的管理教育变革。

"50+20"愿景中，"50"是指 20 世纪 50 年代中提出的两个报告，即美国 1959 年出版的卡内基报告和福特基金会报告，它们强调了以学术为导向的管理教育模式。此后，为了争取管理教育的学术地位，哈佛大学等学校推出了博士项目，管理学院开始向学术化转向。随后，美国模式逐渐成为过去 50 年世界管理教育的主流，到 1990 年代变得越来越象牙塔化。"20"可以有两种含义，一是从 1992 年里约联合国峰会提出可持续发展战略到 2012 年里约 +20 的 20 年，全球问题的挑战和世界向可持续发展的转型，需要管理教育进行根本性的变革。二是与可持续发展的里约 +20 议程相对应，提出管理教育的 50+20 愿景，为未来的 20 年重新设定管理教育议程，推动管理学院走出象牙之塔，服务于可持续发展的经济社会实践。

　　本书是介绍"50+20"愿景完整思想的著作。本书所说的管理教育是广义的。主要作者凯特琳在中译本序中说，考虑到对领导力的广泛需要，我们认为"商学院"一词显得过于狭窄了，而"管理教育"是反映这种广泛挑战的更为合适的词语。作为"50+20"的倡议者，本书作者认为管理教育正处于范式变革的重大进程中，以前是象牙塔型学术为导向的管理教育旧范式，未来需要转向造福世界可持续发展的管理教育新范式。认为在世界性的可持续发展转型中，对管理教育在社会中发挥的作用进行批判性反思的时机已经成熟，管理教育需要响应服务社会的号召，成为可持续发展的推进者和看护人。认识到需要提出革命性的大胆建议来绘制管理教育的全新蓝图，未来的管理学院要改变企业、政府和社会，需要从其自身的内部转型做起。本书译者之一华裔美籍管理学家徐淑英是50+20愿景的倡导者，近年来频繁回国做报告强调管理教育的范式变革。我以前研究科学革命与范式变迁，听过她的报告，读过她的书，同意50+20愿景是管理教育范式变革的说法。

　　本书由挑战、愿景、落实三个部分组成。第二部分愿景是最核心的内容，在第一部分挑战的基础上，作者们提出面向可持续发展的管理教育，不是简单地作一些与可持续发展有关的讲座报告，不是将可持续发展的理论与方法插入管理教育的相关课程，而是在个人、组织、社会三个层面，履行三项系统、深刻、远大的任务或 3 个 E 的管理教育愿景，即教育 educating——教育和培养有全球责任感的领导者；促成 enabling——促成商业组织为共同利益服务；参与 engaging——参与企业和经济转型。每个愿景都包含三个方面内容。

任务一是在个人层面教育和培养有全球责任感的领导者，三方面的内容分别是：转型式学习，要致力于全人式培养而不是破碎化的学习，核心任务是能够激起人们对此前未知的解决方案进行探索；问题中心式学习，要以全球性和地方性的经济、社会、环境问题为中心，而不是围绕学科来进行安排；反思式实践和实地工作，强调内省能力无法通过短暂的课堂学习获得，而是要像养成日常个人卫生习惯一样习得。

任务二是在组织层面促成企业组织为共同利益服务，三方面的内容分别是：针对为社会服务的研究，要调整研究方向鼓励创建针对社会问题的解决方案，关键是对管理学和经济学中占主导地位的理论进行批判性反思；支持企业进行管护，要采用介于现行的管理咨询活动和传统的学术研究之间的混合模式，支持企业实行相关的转型；陪伴领导者实行转型，要使管理人员和领导者做到跳出框架思考问题，使得企业拥有更强的领导力。

任务三是在社会层面参与企业和经济转型，三方面的内容分别是：学术界和实务界的开放交流，未来的管理学院要拆掉围墙，向以学习和研究为目的的各方人士完全开放，以使其能够自由交流；教师成为公共知识分子，可持续发展带来的经济社会深远变化，要求学者摒弃主要面向科学共同体的学究式工作，发挥公共知识分子的作用，对关键的发展问题提供知识和专长；机构成为楷模，管理教育者要从根本上重新思考自身的组织模式，为可持续发展和社会福祉作出组织上的表率。

本书的第三部分针对三个 E 的愿景，提出了商学院和管理学院落实愿景可以有的四种途径与方法，四种途径的强度是从被动到主动、从消极到积极。一是被迫转变，利益相关者如政府资助、认证机构、学生家长、校友等，可以迫使管理学院转型；二是机构转型，管理学院和大学内部自愿地积极地进行变革；三是新倡议，利益相关者和目前活跃在管理教育界的人士通过合作发起一些新的研究项目或协作体；四是创立新型管理学院，具有前瞻性的利益相关者可能会在发展中国家和新兴地区创立新型管理学院。

管理教育者是管理教育的关键要素。结合中国实际研读本书，我的最大感悟是，中国红红火火的现代化建设，为管理研究和管理教育提供了世界少有的实践场景，中国管理教育者需要尽快走出纯理论的学术象牙塔，培育学术与实务并重的巴斯德型研究风格，在服务于中国式现代化中作出管理教育者的贡献。呼应 50+20 的愿景，我曾撰文讨论中国管理教育者面向可持续发展和中国式现代化需要实行三个转变：一是在教学上，从效率取向的管理技能教育向效益取向的领导入教育转变，重点是企业管理的指导思想要从股东利益最大化的旧观念向与利益相关者共同创造价值的新观念进行转变。企业管理需要讲经济讲利润，但是不能脱离社会唯经济，要作为企业社会公民，加强 ESG 思维，创造利益相关者可以接受的共同价值。二是在研究上，过去一段时间中国学者发SCI 或 SSCI 文章趋向于讨论老外感兴趣的问题。未来的研究需要从中国情景提出有世界意义的研究话题和理论命题，或者修正发展基于英美情景但是有普遍意义的管理理论，打破中国管理有伟大的实践和伟大的企业、却没有伟大理论的悖论。三是在社会参与上，要从专业知识分子走向负责任的公共知识分子。现在的管理教育模式是书斋式的，大多数商学院和管理学院对学术之外更广泛的问题缺乏关心。未来发展需要管理教育者养成本来意义上的公共知识分子气质，介入活泼现实的社会问题和社会实践，推动社会走向可持续发展。

21

《较量：乐观的经济学与悲观的生态学》（2013）

（美）保罗·萨宾著，较量：乐观的经济学与悲观的生态学。

丁育苗译，海口：南海出版公司，2019

Paul Sabin, The Bet: Paul Ehrich, Julian Simon, and Our Gamble Over Earth's Future. US：Thinkingdom Media, 2013

内容简介：本书从美国经济学家与生态学家的一场世纪赌局入手，带读者一窥美国学术圈对环境与发展问题的对立看法，一窥美国的政治圈与学术圈如何互相影响。经济学家西蒙与生态学家埃利希打了一个赌，用五种金属的十年价格变动，预知未来世界的发展。本书为我们思考环保和人类社会发展问题提供了一个重要的案例和新的角度，可以深入地理解可持续发展对于环境与发展问题的看法。

作者简介：保罗·萨宾（Paul Sabin）。耶鲁大学历史学系副教授，讲授美国环境史、能源政治以及经济史等。近年主要研究美国近代环境法规的演进及影响。2000年获加州大学柏克莱分校博士学位，后在哈佛大学商学院做博士后。2008年进入耶鲁任教。他也是非营利组织环境领导力项目的创始人。除了本书，还著有《原油政治：1900—1940年的加利福尼亚原油市场》等。

用可持续发展调节环境与发展

我在本书中介绍的大多数书是理论导向的，或者是有故事的理论书，唯有这本书是故事导向的，是历史学家写的有理论含量的故事书。在本书中，作者讲述了美国生态学者埃利希与经济学者西蒙的一次为期十年的赌局，从这场赌局可以看到美国1960年代到20世纪末围绕环境与发展问题进行的思想较量，看到学术圈与政治圈之间的相互影响。研读本书，像观看美国总统竞选那样是有趣的，从中可以看到美国对于环境与发展问题的撕裂格局是怎样形成的，理解可持续发展可以在调节环境与发展的冲突中发挥什么样的作用。

1981年，生态学家埃利希与经济学家西蒙，曾经打过一个赌，用五种金属价格的变动，预知未来的世界。打赌由西蒙提出，双方的目的都是想让对方闭口。赌资是1000美元，每种金属为200美元。约定十年后，如果除去通货膨胀的因素，金属价格上涨，这证明地球的资源稀缺，西蒙认输；如果价格下跌，证明地球的资源富足，埃利希认输。这场影响整个美国的"十年学术之争"，不仅涉及学术圈，而且涉及政治圈，被视为是更广泛的美国自由派与保守派的史无前例的大对决。

1960年代和1970年代是美国环境主义刚刚产生的年月。在20世纪70年代对未来发展的讨论中，埃利希和西蒙代表着两种完全不同的极端的论调。埃利希在《人口炸弹》(1968)一书中指出，人口过剩正威胁着人类和地球，由于土地、农业和粮食方面的短缺，预言数亿人将死于饥荒，因此对人类发展和地球环境呈现为悲观主义的立场。西蒙则在《终极资源》(1981)一书中认为，担忧人口过剩，认为世界末日将至是没有依据的谎言，强调技术和市场的力量将开发利用新的资源，世界会养活更多的人口，因此对人类未来和地球环境表现为乐观主义的立场。

　　赌局的结果是西蒙获胜。1990年10月的一天，西蒙在家中收到了埃利希寄来的一封信，其中有两张纸。一张是金属价格表，另一张是五百七十六点零七美元的支票。除此之外，没有一句留言。但是后来的研究发现，西蒙的赢没有必然性，并非任何一个以十年为期的关于金属价格的赌局西蒙都能赢。有经济学家对从1900年到2008年间每个十年的金属价格都进行了模拟，发现在63%的情况下埃利希会赢。1992年埃利希向张狂的西蒙提出一个新赌，认为上次赌局的五个金属实际上与环保没有太多关系，提出了包含二氧化碳浓度在内的十五个新指标，赌期仍然是十年，但是赌资加大到每个指标1000美元。但是西蒙提出了另外一些指标，双方没有能够形成共识促成第二次赌局。相反在20世纪90年代，双方用越来越具有人身攻击和侮辱性质的字眼互相谴责。

　　埃利希和西蒙的这场学术之赌，对美国的学术圈、政治圈甚至社会造成了长期的影响。增长经济学家开始对1970年代出版的《增长的极限》等书普遍不以为然、嗤之以鼻，环境主义者的日子变得难过；政治圈以里根为一方的共和党与卡特为一方的民主党在环境问题上开始唱对台戏。这场冲突造成的最有害的影响，是美国对气候变化问题的态度陷入了长期的上下震荡的政治僵局。民主党上台表示要积极应对气候变化，共和党上台就推翻。此起彼伏，没有穷尽。

本书作者没有选边站队支持这场学术之赌的任何一方，而是态度明确地评论说这是两种极端主张。他在引言中写道，与其将埃利希和西蒙的冲突视为简单的正邪之间的道德较量，不如通过他们的故事改变我们对于环保主义者和保守主义者的刻板印象……这场赌局给双方敲响了警钟，有望引出一场更温和、更高效甚至更有希望的关于未来的对话。作者在结尾中再次强调，我们的任务不是要从互相较量的观点中作出选择，而是要尽力找到方法来平衡这两种观点引起的紧张和不确定感，吸收双方观点中有价值的部分。最终，决定人类进程的既不是埃利希的自然的铁律，也不是西蒙的无限的市场力量——这是他们各自的指导原则，而是我们所作的社会和政治选择。无论是生态学还是经济学，都无法替代一个更深层次的道德命题：我们究竟想要一个什么样的世界？

作者在书中的最后提问，正好引出了可持续发展概念的意义和作用，事实上联合国提出可持续发展战略就是为了整合环境与发展之间的矛盾。可持续发展的概念实际上是对人类历史有关人与自然和谐共生思想的提炼和总结，其中也有中国天人合一哲学观念的影子。研读本书，我的看法是：第一，可持续发展是生态可持续性与经济社会发展两者的乘积，既要反对极端的增长主义者无视地球生态能力强调无止境的物质主义增长，又要反对极端的环境主义者强调地球第一而无视人类经济社会发展的基本需求。对照起来，可持续发展的概念既不是悲观的，也不是乐观的，而是现实主义的，因为在地球生态物理极限内提高生活质量实现社会福祉是必要的也是可能的。第二，人类社会的发展需要区分为两个阶段，第一阶段是数量性的扩展和经济增长，为社会发展提供必要的物质存量；第二阶段是质量性的发展和福祉提升。可持续发展的概念在传统的经济增长之后增加了第二阶段，只有两个阶段先后接替的完整发展才是有意义的。不能用后一阶段反对前一阶段，也不能顽守前一阶段而不向后一阶段进行转变。第三，可持续发展需要区别和谨慎对待自然资本的稀缺性和替代性，自然资本的物质资源功能如矿产资源，相对来说有较多的可替代性，所以埃利希用金属商品价格变化打赌不具有可行性。相反，自然资本的生态服务功能较少可替代性，所以西蒙不愿承诺用气候变化和生物多样性这样的生态指标再次打赌。因此，我们需要正确地认识科学技术创新在可持续发展中的作用、发展方向和局限性。

22

《可持续性通史：从思想到实践》（2014）

（加）杰里米 L. 卡拉东纳著，可持续性通史：从思想到实践。
张大川译，上海：科技教育出版社，2023

Jeremy L. Caradonna, Sustainability: A History. Oxford: Oxford University, 2014

内容简介：本书娓娓道来，"可持续性"如何从一个思想观念发展成为席卷全球的实践运动的完整历史。从可持续性林业思想的出现，到工业革命的挑战，环保运动的诞生，以及促进平衡发展的具体实践，本书表明，可持续性不仅借鉴了社会公正、生态经济学和环境保护的理念，而且后来居上将它们整合成为一种动态的适应性哲学。本书有助于澄清对可持续性概念的许多思想误解。

作者简介：杰里米 L. 卡拉东纳（Jeremy L. Caradonna），在加拿大维多利亚大学环境研究学院担任教职。他是可持续性研究领域一位备受追捧的演说家和代言人，曾出版过有关法国启蒙运动的著作以及有关有机蔬菜生产的转型农业指南。他的文章经常出现在《大西洋月刊》、美国有线电视网以及其他有关媒体平台上。本书是在给大学生讲授多年《可持续性的历史》的基础上写成的。

理解可持续性需要进行三个辩误

如果你以为对可持续发展很了解，那么读了这本小书，你就会觉得天真了。尽管 1992 年在联合国大会上通过的可持续发展概念已经流行 30 多年，2015 年联合国推出的全球可持续发展目标即 SDGs 也到处被社会提及。但是对于可持续发展的理解，社会上却是五花八门，各说各的话。因此，读一读这本短小精悍的《可持续性通史》是有用的。这是目前仍然少有的一本有关可持续性思想发生发展的著作，既有系统性又有针对性，可以帮助我们厘清一些常见的认识误区和思想误解，有效地推进可持续发展的理论和实践。

理解可持续发展的概念关键在于理解其中的"可持续性"。请注意本书的书名是《可持续性通史》(A Sustainability History) 而不是《可持续发展通史》(A History of Sustainable Development)。阅读本书，我觉得有助于进行三个方面的辩误，并且区分可持续性的概念、运动与科学。其中，可持续性概念与可持续性林业有关联，可持续性运动与联合国 SDGs 有关联，可持续性科学与生态经济学有关联。

第一个是概念辩误，即理解可持续性的概念到底是什么，如何区别于环境保护的概念。有关可持续发展的常见误解之一，是把可持续发展的历史当作环保运动的历史。许多人解读可持续发展，常常从 1960 年代的环保主义开始，把卡逊 1962 年写的《寂静的春天》看作可持续性思想的萌芽。但是，本书开宗明义指出，可持续性不能仅仅作为环保主义的代名词，书写可持续性的历史也并不意味着同环境史（environmental history）划等号。作者强调可持续主义者（sustainists）的目的是观察复杂的系统，找寻社会、经济、自然三者间的关系。可持续主义和环保主义曾经有过一段共同的历程，但可持续性思想的起源远远早于环保运动常常提到的那些人和书，如缪尔（John Muir）、利奥波德（Aldo Leopold）、卡逊（Rachel Carson）、康芒纳（Barry Commoner）等环保思想家和他们的作品。可持续性的历史不仅仅是环境史，也是社会史、政治史、经济史。对此，可以指出三点。

一是可持续性的概念大于单纯的环境概念，包括了经济、社会、环境三大方面。其中环境包括资源输入、污染排放、生态愉悦等完整的地球系统生态服务功能，而 1960 年代的环保运动主要与污染治理有关。更具体地说，本书认为可持续性概念包含四个基本点，即发展涉及经济、社会、环境的关系（如卡洛维茨的可持续性林业），经济社会发展存在生态极限（如罗马俱乐部的《增长的极限》），发展规划需要考虑长远（如布兰特兰报告《我们共同的未来》），可持续性发展需要在地化和去中心化（如舒马赫的《小即美》）。

二是可持续性的思想萌芽来自 17—18 世纪的可持续性林业概念。其中，德国卡洛维茨（Hans Carl von Carlowitz）1713年出版的《林业经济学》被认为是可持续性历史上的一部开创性作品。可持续性林业认为森林采伐的速度应该小于森林的再生能力，这样的比例关系是可以实现可持续发展的。后来戴利在此基础上提出了可持续发展的三个原则，即可再生资源的消耗不能超过再生能力，不可再生资源的消耗不能超过替代能力，污染排放不能超过自然界的净化能力。可惜的是，工业化社会开始广泛使用化石能源替代林业资源，使得人类产生了错误的可以支配自然的思想。

三是可持续性的重点是要讨论发展与环境之间的关系。环保主义只是一个 E（Environment），可持续性主义把 3 个 E 放到了一起（Economy，Equity，Environment）。用发展不发展、可持续不可持续建立二维矩阵，可以识别发展的四种状态。区别于可持续的不发展、不可持续的发展以及不可持续的不发展，可持续发展强调资源环境可以承受的经济社会发展才是可持续的，是可以期望和可能的。本书作者说，相对于环保主义常常是悲观主义，可持续发展的倡导者恰恰是对未来发展是乐观的，或者说是谨慎积极的。

第二个是运动辩误，即理解可持续性的思想如何变成了世界性的可持续发展运动。环保运动盛行于 20 世纪 60 年代—70 年代，而可持续发展的社会运动是 20 世纪 80—90 年代由联合国组织化地推动起来的。我自己就是因为到墨尔本大学访学一年，看到墨尔本用联合国的可持续发展战略推进宜居城市的建设，回国后开始学术转型搞起了可持续发展研究。

联合国推动可持续发展，有三个里程碑的事件。第一个里程碑是 1972 年联合国在瑞典斯德哥尔摩召开世界环境会议，会议后成立联合国环境署推进了世界性的环境治理，但是当时出现了北方国家强调环境、南方国家强调发展的南北分歧；第二个里程碑是 1992 年联合国在里约举行世界环境与发展大会，会议把可持续发展战略确立为世界共同的发展战略，把社会维度纳入可持续发展的三重目标，各国开始实施 21 世纪议程。在此之前联合国做过一系列铺垫工作，1980 年的《世界自然保护纲要》提出了可持续发展的概念，1987 年布伦特兰夫人主持的《我们共同的未来》一书界定了可持续发展的含义；第三个里程碑是 2012 年联合国在里约召开世界可持续发展峰会，反思可持续发展确立以来 20 年的成败得失。我有幸被邀请参加里约 +20 峰会，在绿色经济等研讨会上发表了看法。2015 年联合国通过全球可持续发展目标 SDGs（2016—2030），SDGs 包括 17 个目标、169 个具体目标和 200 多个指标，成为当下最普遍的可持续发展运动。

联合国推动可持续发展成为世界性的社会运动，优点是，建立了三个维度的发展概念，强调社会公平是可持续发展的重要方面，要解决南北穷富差距问题，因为有贫穷是最大的污染和奢侈是最大的污染之说。2012 年后又增加了治理作为第四个维度，强调治理是实现经济、社会、环境和谐发展的体制能力，因此可持续发展大大超越了狭隘的环保主义。缺点是，可持续性的本意就是强可持续性，现在把可持续性拓展为可持续发展，这个模棱两可的术语看起来谁都可以接受，但内中却蕴含了环境与增长两个方面的矛盾。强可持续性观点强调重点是可持续性，认为可持续发展是要实现地球生物物理界限内的经济社会繁荣；弱可持续性观点仍然把经济增长看作优先选项，把可持续发展解读为持续的绿色增长。许多人认为2012年的里约+20会议是一次热热闹闹的失败，因为发达国家以可持续发展的名义搞持续的经济增长，导致了气候变化、生物多样性等地球生态物理状况的进一步衰退，可持续发展的愿景与现实之间的差距事实上是在拉大而不是缩小。确实，我在现场身临其境看到了有关绿色增长的思想冲突，我当时有点沮丧地认为这样的会议以后大概不值得参加了。

第三个是科学辩误，即理解可持续性的学术研究如何孕育和创造了可持续性的科学。可持续性发展的学术研究源于1960年代问世的生态经济学，兴起时间同1960年代的环保运动，但是被环保运动挡住了光辉，直到21世纪初以来科学家提出人类世和地球行星边界的概念，才证明了强大的前瞻性和解释力。生态经济学要从根本上对工业化时代的理论机理进行反思，进行经济学甚至整个科学思维的变革，代表性人物包括波尔丁、罗根、戴利等人。与新古典经济学将经济与环境分离的做法不同，生态经济学继承并发挥了古典经济学将经济与环境融合起来考虑问题的研究传统，目标是要实现地球生物物理内的经济社会繁荣。对此有三方面的信息值得关注：

一是生态经济学的境遇经历了从边缘向中心的三个发展阶段。第一个阶段是 1960—1970 年代，与《增长的极限》的遭遇相一致，生态经济学的思考被主流的经济学家认为不是经济学的思维方式，处于被边缘化的状态；第二个阶段是 1980 年代联合国提出可持续发展的概念之后，生态经济学指出里面存在着没有极限的经济增长与极限之内的社会繁荣的尖锐矛盾，开始把生态经济学解读为是可持续发展的科学与管理，区分了强可持续性与弱可持续性，分别相当于本书的可持续主义派和可持续增长派，两者处于相互僵持的阶段。第三个阶段是进入 21 世纪，从气候变化和生物多样性等地球生态环境的急剧衰退，大家开始更多地认识到生态经济学的强可持续性看法需要进入主流，联合国的 SDGs 需要放在强可持续性的思想指导下进行推进。而占地球人口五分之一强的中国，明确提出在生态红线内实现新发展的生态文明新概念。

二是 21 世纪以来生态经济学在经验研究和研究方法两个方面出现了深化。在经验研究方面，学术界基于地球系统科学的经验研究提出了人类世的概念，2009 年和 2015 年发现 9 个地球行星边界中已经有 4 个被人类的经济增长活动所突破，证明过去 30 年基于可持续增长观点的可持续发展是不成功的，而生态经济学有关经济社会发展存在地球生物物理极限的看法是有根据的；在研究方法方面，生态经济学或可持续性科学的探索已经从第一代学者的批判性走向更多的建设性，提出了许多有助于实现可持续性转型的手段、方法和工具，包括生态足迹分析、碳足迹分析、物质流分析、绝对脱钩概念等，使得强可持续性的思想具有了扎实的操作性。在这种背景下，有人多次提议生态经济学的主要理论家戴利等人和罗马俱乐部应该荣获诺贝尔经济学奖或和平奖，可惜戴利刚刚于 2022 年因病去世了。

三是本书出版于 2014 年，讨论的内容主要截止于 2012 年里约 +20 世界峰会。2012 年以来又过去 10 年，当前可持续性发展的理论研究越来越多地出现了大合流的趋势。一个是在社会科学领域，生态经济学从经济学、社会学、环境学以及政治学的整合角度，梳理经济学和社会科学的范式变迁，要对从新古典经济学发展起来的传统的经济增长范式进行系统的思想变革；另一个是在自然科学领域，地球系统科学的发展日益要求与社会科学联手进行以可持续发展为导向的学科交叉和融合。有人建议要以生态经济学为基础，建立和发展人类世的可持续性交叉科学，目标是创造人类世的可持续性发展新文明。我觉得，这需要并且可以成为未来撰写可持续性史话的新篇章。

23

《甜甜圈经济学：21 世纪经济学家的七种思维方式》（2017）

（英）凯特·拉沃斯著，甜甜圈经济学：21 世纪经济学家的七种思维方式。阎佳译，北京：文化发展出版社，2019

Kate Raworth, Doughnut Economics：Seven Ways to Think Like a 21st-Century Economist. London: Penguin Random House, 2017

内容简介："叛逆的"经济学家凯特·拉沃斯说，现在是时候为了 21 世纪而改变我们的经济学思维了。本书中，作者用"甜甜圈经济学"概念描述人类社会繁荣发展的意义，为地球、国家、城市、企业以及个人的经济成功定下新的标准。本书总结了甜甜圈经济学的 7 个要点，帮助我们理解可持续发展经济学的原理和作用。本书对希望在新的经济时代有所作为的读者可以提供新的启发与帮助。

作者简介：凯特·拉沃斯（Kate Raworth），牛津大学环境变化研究所高级研究员和顾问，在牛津大学教授环境变化和管理硕士的课程。曾任剑桥可持续发展领导力研究所高级助理，联合国开发计划署年度人类发展报告和海外发展研究所研究员。她被英国的《卫报》评为经济转型十大推特博主之一，可持续发展的研究者赞扬她的甜甜圈经济学为我们提供了新自由主义经济学的解药。

把强可持续发展思想可视化

推进中国高质量发展，需要研究可持续发展。可持续发展经济学发生发展几十年，我一头一尾最喜欢读两本书。一本书是 1996 年美国戴利写的《超越增长——可持续发展的经济学》（2001 年中译本），总结了 1966 年以来的研究成果，奠定了可持续发展经济学的核心原理；另一本是 2017 年英国 Raworth 写的《甜甜圈经济学：21 世纪经济学家的 7 个思考方式》（2019 年中译本），总结了过去 20 年的新发展。现在有人问我要了解可持续发展经济学的最新思想，我会特别推荐后一本书。

我对《甜甜圈经济学》一书的出版有一些个人的接触。2012 年我到里约参加联合国可持续发展峰会，读到 Raworth 写的第一篇甜甜圈论文，感到很有新意也很有趣，记住了她的名字。2013 年到伦敦参加艾伦麦克阿瑟基金会的年会，茶歇时候与穿一身黑色正装的知性女士交谈，她递给我一张名片，正是我想认识的 Raworth。那次知道她正在撰写《甜甜圈经济学》的书，回来后收到了她寄来的写作提纲。几年后收到了她寄来的正式出版的赠书，她给我的签名题语是"重建未来的经济学"。

出版以来到现在，《甜甜圈经济学》一书被认为是可持续发展经济学的现代版，已经风靡业内外。我读《甜甜圈经济学》许多遍，觉得这本书不仅思想内容有前瞻性，而且写作方式有图像性，实现了她写这本书要语言框架和视觉框架同样吸引人的初衷。Raworth 针对唯 GDP 增长论的传统经济学在现实生活中引起的反常，提出了甜甜圈经济学倡导的可持续发展经济学的 7 个思维方式。全书的结构有一个总体性的引子后，按照七个思维方式展开，每个思维方式为一章加上。按照她一图胜过千言的写作构思，每一种思考方式都用两张图进行对照，从中可以领会可持续发展思维变革的要害在哪里。7 个思考方式的精华用我自己的学习体会可以概括如下：

思维方式变革 1：改变目标。这是要从强调 GDP 转换到强调甜甜圈。传统经济学的思维核心是强调 GDP 增长，其图像模型是指数增长的 GDP 曲线。可持续发展经济学的图像模型是三层结构的甜甜圈，公平和安全的中间层是人类可持续发展的目标空间。中间层的下部边界是社会福祉界面，上部边界是生态环境天花板，强调了公平要有社会底线，安全是要有生态门槛。对照甜甜圈模型，可以发现现在的发达国家普遍处于生态环境天花板外面的不可持续空间，而发展中国家普遍处于社会福祉下面的不可持续空间。我曾经与 Raworth 讨论，说从甜甜圈模型可以区别三种模式，传统的经济增长 A 模式是从内向外一直发展到超越生态环境红线，发达国家的发展转型 B 模式是从外部的生态透支型发展向下回到中间层，中国式现代化的 C 模式是希望在不超越生态环境天花板的条件下实现高质量发展。

思维方式变革 2：着眼大局。这是要从封闭自足的市场转换到被包含在环境和社会中的嵌入式经济。传统经济学喜欢用生产与消费之间的要素流动和产品流动循环图描述经济活动，经济循环只有价值流而没有物质流，是没有社会和环境的孤立系统。可持续性经济学的图像模型是三圈包含，即经济活动被包含在人类社会之内，人类社会又被地球生态所包含，经济活动依赖于三圈之间的互动，这在可持续发展研究中称之为强可持续性。用这样的三圈包含模型，可以理解为什么中国的国土空间管理要强调三区三线。在中国生态文明的体系中，强调城镇空间发展要受到生态空间和农业空间的约束，是一种着眼于大局的发展思路。

思维方式变革 3：珍视人性。这是要从理性经济人的假定转换到有适应性的社会人。传统经济学的人性假定是纯粹的经济人，即人是自私的和相互孤立的，人的偏好是一成不变的。甜甜圈经济学认为，正是理性经济人的假定导致了各种社会问题和环境问题的公地悲剧，强调实际上我们要认真研究和对待的是多向度的社会人，即人是社会的、相互依赖的，人的价值观是流动的。确立珍视人性的可持续发展经济学，可以提高我们进入甜甜圈中间层的能力。

思维方式变革 4：精通系统。这是要从强调机械平衡转换到强调动态复杂性。供给与需求两条直线相交而成的均衡以及由此引申而来的各种其他均衡，是许多人学习传统经济学的第一幅图，但是这样的图形模型的思想基础是机械的。甜甜圈经济学认为，认识经济活动的波动与平衡，要基于有反馈活动的系统思维，要把经济活动看作不断演化的复杂系统进行管理。认识和解决当今世界的重大问题，包括金融市场的繁荣与萧条，社会不平等的扩大与缩小，气候变化的临界点等等，要学会用系统思维的杠杆点从根子上进行调控。

思维方式变革 5：设计分配。这是要从倒 U 形曲线转换到网络流的设计分配。传统经济学的经济—社会关系曲线是先有不公平后才有公平的倒 U 形曲线即库茨尼茨曲线，穷富差距要变好首先需变糟，经济增长总有一天会给我们的社会带来公平。可持续发展经济学认为，好的发展一开始就要设计公平的分配，让经济增长与社会公平同步发展，图像模型是从倒 U 形变成网络流。设计社会公平，要超越传统的单一要素，要探索多元要素的公平再分配，包括基于土地、技术、知识以及生态系统服务等要素创造出来的财富。

思维方式变革 6：创造再生。这是要从增长自然会清理污染转换到基于循环经济的再生设计。传统经济学的环境—经济关系，是另一种倒 U 形曲线即环境库茨尼茨曲线，认为先污染后干净是规律，经济增长总有一天会使我们的环境变干净，其经济模式是开采—制造—使用—扔弃的单向线性经济。可持续发展经济学认为处理环境与经济的关系，需要改变线性经济这样的生态退化性的生产与消费，要通过循环经济实现物质流的闭合，压低环境峰值实现隧道式发展。21 世纪的新经济需要发展循环经济这样的新质生产力，通过基于循环经济的再生设计，把人类经济活动放在充分参与地球物质全生命周期的过程中进行推进。

思维方式变革 7：超越增长。这是要从对增长上瘾转换到发展才是硬道理。传统经济学认为经济增长是一个没有止境的上升曲线，发展中国家要高速度增长，发达国家要高速度增长，地球上的经济体都要持续追求增长。其图形是永远的飞机起飞图形，往上没有顶点。可持续发展经济学认为，世界上没有一样东西可以在物理意义上无限扩张，任何经济体对抗这个规律都会最终影响发展。实际上，不断地增长是不可能的，不断地发展才是可以追求的。经济增长应该是从增长到稳态的 S 形曲线，就像飞机起飞后到了一定阶段要进入平飞状态才是安全的。21 世纪经济学提出的挑战性问题是，物质富足到了一定的临界点，人类如何可以用低增长实现经济繁荣和社会福祉。

读完这本书，也许我也可以用中国打麻将的思维方式加上两张图。一张是摸麻将的图，可以用来表述传统经济学的经济增长思想，这是在过去几百年不需要考虑自然界生态物理极限的时候搞经济，麻将牌从少摸到多，追求数量扩张和越多越好，是没有自然极限约束的经济增长；另一张是换麻将的图，可以用来表述可持续发展经济学的高质量发展思想，这是在当前需要考虑地球物理极限的时代搞发展，在总量控制的情况下换麻将，用一定的物质投入实现尽可能高的社会福祉。一句话，研读《甜甜圈经济学》，就是要实现经济学思维模式从摸麻将到换麻将的根本性转换！

24

《无增长的繁荣》(2017)

　　(英)蒂姆·杰克逊著,无增长的繁荣。丁进锋、诸大建译,北京:中译出版社,2023

Tim Jackson, Prosperity without Growth. London: Routledge，2017

内容简介：作者指出以过度消费来刺激经济增长的西方文明，在全球能源和环境承载力的有限及世界经济结构不公正、不合理的背景下，是难以长期维系的。西方国家传统的经济增长模式，正在成为频繁的金融危机、债务危机和世界动荡的主要原因。作者呼吁：GDP 并不能代表国民幸福，我们必须用与过去不同的方式来重新定义繁荣和幸福，实现无增长和低增长的繁荣。

作者简介：蒂姆·杰克逊（Tim Jackson），英国萨里大学教授，理解可持续繁荣研究中心主任，主要研究方向为可持续发展。30 多年来，他一直致力于研究道德、经济和社会层面的"繁荣"。2016 年，他被授予"希拉里桂冠"（Hillary Laureate），以表彰其在可持续发展方面呈现出来的非凡国际领导能力。他除了在学界耕耘，也从事剧本创作，并获奖。

从无止境的增长到无增长的繁荣

理解什么是可持续发展，英国学者杰克逊（Tim Jackson）写的《无增长的繁荣》(2009 和 2017) 一书，是我推荐的经典书之一。我 2009 年到纽约参加联合国绿色新政研讨，在书店里看到这本书新鲜上市，马上买下。从那以来不时研读这本书，从英文版到中文版，从第一版到第二版，觉得受益不浅。增长的繁荣，多年来被认为是天经地义的事情。但是，杰克逊指出无限的经济增长是不可持续的，到了一定阶段需要转向无增长的繁荣。这本书的核心话题是经济增长与社会繁荣的关系，精确地说是在资源环境有限的地球上人类发展应该追求什么样的繁荣，指出发达国家当下流行的绿色增长策略是有问题的。阅读此书，我觉得有三个基本点：

第一，增长的繁荣存在两大问题。一是无限的经济增长并不表示无限的社会繁荣，这是增长范式面临的不必要性挑战。在主流经济学的增长范式中，增长的潜台词是越多越好，这里的多是物质拥有多，好是生活质量好。在物质短缺的时候，经济增长与获得感确实是正相关。但是当物质拥有超过一定的门槛之后，就不见得是越多越好了。1970 年代以来，学术界用主观满意度和人类发展指数等指标进行实证研究，证明主观满意度和人类发展指数并不随着 GDP 持续增长，无限的经济增长对繁荣的意义是收益递减的。二是无限的经济增长存在着地球生态物理的天花板，这是增长范式面临的不可能性挑战。经济增长伴随着物质规模扩张，无限的经济增长需要无限的物质规模扩张，但是这在自然资本有限的地球上是不可能的。2009 年和 2015 年有关地球行星边界的先后两次研究成果表明，地球的九个生态系统服务有四个的消耗规模已经超过了地球行星边界，特别是在气候变化和生物多样性方面，这为现在全球行动起来控制二氧化碳排放和生物多样性减少提供了重要的科学证据。最近几年来，增长范式提出发达国家可以用绿色增长化解生态规模约束问题，即绿色技术可以通过改进效率，保持经济继续增长，从而实现经济增长与物质消耗的绝对脱钩。但是实证研究证明，技术改进具有相对脱钩的能力，但是受到反弹效应的制约，只要经济增长的速度大于脱钩的速度，绝对脱钩的情况就不可能发生。

第二，发达经济需要无增长的繁荣。杰克逊认为，如果无限的增长是不必要的，也是不可行的，那么发达国家的发展模式就需要转向地球边界约束下的无增长的繁荣。英国有学者写过书论证，日本最近 20 多年经济增长低于美国，但是人均预期寿命和社会满意度却高于美国，说明无增长的繁荣是可能的。当然，这里的无增长不是 GDP 一点都不增长，而是经济增长的速度和规模控制在地球行星边界可以接受的范围内，一旦超过就要退回来。在人类经济社会发展受到地球生态约束的条件下，关键是要摆脱"多就是好"的物质主义的旧繁荣，倡导新的以满足人的需求为目标的新繁荣。新繁荣的实现路径之一，是从以前的重点提高劳动生产率转移到重点提高自然资源的生产率上来。一方面，GDP是劳动投入与劳动生产率的乘积，就业是社会获得感的重要方面，是需要鼓励的。传统的增长范式片面强调提高劳动生产率，结果在劳动人口增长的背景下减少了就业人数，进而导致了社会总体幸福感的减少。无增长的新繁荣强调，控制劳动生产率的无限提高是必要的，要通过减少劳动时间、分享劳动机会等，让更多的人拥有工作和收入的机会。另一方面，GDP是自然资本投入与自然资源生产率的乘积，消耗自然会影响社会繁荣，是需要抑制的。传统的增长范式严重忽视提高自然资源生产率，结果经济增长靠大规模消耗自然资本去实现，进而超越了地球生态门槛。无增长的新繁荣强调，要通过低碳经济、循环经济和共享经济等新的经济方式，大幅度提高自然资源的生产率，使得自然消耗保持在地球生态门槛之内。

第三，人类发展需要完整的可持续性思维。杰克逊写作《无增长的繁荣》一书，主要针对发达国家的情况，指出无限的经济增长是不可能的，绿色增长不可能解决生态门槛问题。把发达国家和发展中国家的情况整合起来，可以建立完整的可持续性思维，区分两种不同的发展状态及其转型模式。对于发展中国家来说，经济增长对于解决物质短缺是必要的，并且与社会福祉增长正相关，发展策略是在地球生态物理的阈值之内提高经济增长的效率和绿色化程度；对于发达国家来说，经济增长的规模已经超过了地球生态阈值，对社会福祉的贡献开始效用递减，发展策略是在保持生活质量的同时降低经济增长速度，将物质消耗控制在地球承载能力之内。这样一种完整的可持续性思维与中国的生态文明和绿色发展思维是一致的。中国式现代化强调不走西方国家的发展道路，要探索人与自然和谐一致的现代化。中国发展未来40年的目标是，到2035年全面建设社会主义现代化，到2050年建设成为社会主义现代化强国，到2060年以前实现碳中和。从完整的可持续发展思维可以认识到，中国未来40年的发展模式正在对过去40年的发展模式进行深化和变革，要在生态保护红线、永久农田红线、城镇增长边界即三区三线的约束下，从高速度增长转向高质量发展，从主要满足物质需要转向满足美好生活的多样化需要，从重视物质资本的增量扩展转向重视物质资本的存量优化。

25

《人类世的"资本论"》（2020）

（日）斋藤幸平著，人类世的"资本论"。王盈译，上海：上海译文出版社，2023

Kohei Saito, HITOSHINSEI NO "SHIHONRON". Tokyo: SHUEISHA, 2020

内容简介：诺贝尔化学奖得主保罗·克鲁岑提出，在地质学上，地球已经进入了"人类世"的新纪元。本书认为，经济增长曾经许诺我们富裕生活，实际上却不断透支当下乃至未来世代的生存资源。要在资本主义的尽头找到突破，我们需要回到马克思。尤其是从马克思晚年思想中，发现"可持续性"和"社会平等"实现的可能性。在环境危机刻不容缓的当下，"去增长共产主义"这个新思想开始浮出水面。

作者简介：斋藤幸平（Kohei Saito），获柏林洪堡大学哲学博士。东京大学研究生院综合文化研究科副教授。曾任大阪市立大学大学院经济学副教授。专业研究方向为经济思想、社会思想。2018 年因《卡尔·马克思的生态社会主义：资本、自然和未完成的政治经济学批判》一书获得被称为"马克思主义研究领域的诺奖"的多伊彻纪念奖，是该奖设立以来最年轻的获得者。还著有《从 0 开始的〈资本论〉》等。

从去增长的角度研究马克思

研究可持续发展与生态经济学将近30年，对这个领域国际上什么人研究什么问题，基本上是清楚的，对什么人会出什么样的书基本上是可预见的。我曾经先后主持过两套国际绿色发展前沿的译丛，对1992年联合国提出可持续发展战略以来的那些代表性经典写过一些书评。但是读到日本80后留德博士斋藤幸平的这本《人类世的"资本论"》(2020年日文版，上海译文出版社2023年中译本）却是非预期的。读完以后大呼过瘾，觉得写出了不少有意思的新东西，特别是把马克思与当下在欧美崛起的去增长（degrowth）理论关联起来，是别人从来没有做过的。

《人类世的"资本论"》以人类世和气候变化为背景和核心问题，讨论如何在理论上做出合理的解释和应对。全书共8章，基本上可以分为先破后立两大部分。第一部分共3章是破，是对西方经济增长模式及其两种修正即绿色增长和去增长理论的评析和批判；第二部分共5章是立，讨论马克思的去增长思想及其在应对全球气候变化问题中的意义。前者提到的一些人和书是我熟悉的，书中的评析很到位，我做可持续发展研究对此有共鸣和感悟；后者是我以前没有注意到的，觉得本书建立了一个马克思去增长理论的新框架。

前3章分别讨论西方经济增长模式的三个主要的思潮和

理论。第一个是对西方增长模式及其知识基础即新古典经济学要害问题的概括和批判。作者引用德国学者布兰德和威森的分析，认为西方增长范式是典型的帝国式生活范式，即全球北方发达国家的大规模生产和大规模消费的生活方式，通过三种方式的转嫁导致了对全球南方发展中地区的两种掠夺。三种转嫁是技术性转嫁即搅乱生态体系，空间性转嫁即外部化与生态帝国主义，时间性转嫁即"我死后哪怕洪水滔天"。两种掠夺即资本主义生产方式对人类劳动力的掠夺和全球资源环境的掠夺，这特别表现在处于经济增长中心地位的全球北方国家对处于边缘地位的全球南方国家的掠夺。作者认为2018年的诺贝尔经济学奖得主耶鲁大学教授诺德豪斯是用新古典经济学讨论气候变化问题的代表性人物。诺德霍斯的获奖源于他从1991年开始的气候变化研究，然而诺的看法是非常新古典经济学的。按照诺的以经济增长为主导的二氧化碳削减设想，地球温度到2100年至少会上升3.5度，远远超过了现在联合国倡导的目标，即地球温度上升不要超过1.5度，发达国家从现在起就要减少碳排放，2050年实现碳中和。学术界研究气候变化经济学存在着两种不同的解决方案。传统经济学强调高贴现率，认为应对气候变化不能影响今天这样的经济增长；可持续发展经济学强调低贴现率，要求经济增长转型变革进入稳态发展新阶段。参加国际上的有关活动，我知道对于诺德豪斯获诺奖，主张强可持续性的许多学者是有微词的。

第二个是对 2008 年金融危机以来的绿色新政即绿色增长的评析和批判。绿色新政（Green New Deal）是 2008 年金融危机后美国等北方发达国家推出的经济拯救政策，意在像 20 世纪 30 年代的凯恩斯新政那样，通过大规模财政出资和公共投资来推广可再生能源、电动车等，然后增加有效需求，从而刺激经济增长。书中把绿色新政和绿色增长称为气候凯恩斯主义，举出了理论上的一些主要支持者，例如纽约时报专栏作家弗里德曼出版了《世界又热又平又挤》(2008)，绿色经济作者里夫金出版了《绿色新政》(2022)等书。我 2009 年到纽约联合国总部参加 UNEP 的绿色新政咨询会，纽约书店推荐书柜中最醒目的就是绿色新政方面的书。但是绿色新政在搞可持续发展经济学的人眼中，却不是可以拯救地球的方法，因为它强调的是发达国家可以通过提高绿色效率继续推进经济增长，而不是减少增长将物质消耗控制在地球生物物理极限之内。著名的反弹效应概念即杰文斯悖论证明，微观上的技术效率改进无法控制宏观上的物质规模扩张，因此绿色增长最终仍然是超越地球承载能力的不可持续发展。当年在纽约联合国环境署的咨询会上我曾经问绿色新政方案的起草者，重点是关注生态效率还是生态效益，当回答是生态效率的时候，我就明白绿色增长其实是新瓶装陈酒。2011 年到布鲁塞尔参加欧盟绿色经济研讨会，我在大会上作主旨发言说绿色经济有两种不同的思路，绿色增长是传统的生态效率改进思路，稳态发展才是新的生态效益转型之路。坐在我旁边的是时任 UNEP 一把手，后来发言说我对绿色经济的解读是深刻的。

第三个是对 2008 年以来提出的甜甜圈经济学等去增长理论的评论。绿色增长不能解决经济增长与环境阈值的冲突，2008 年以来英美国家的学者提出了去增长的绿色发展新理论，其中代表性的成果是 Raworth 的《甜甜圈经济学》（2017）和 Hickel 等的《少即是多——去增长如何拯救世界》（2020）。甜甜圈经济学认为无限的绿色增长是不可持续的，可持续发展的经济应该是甜甜圈的中间层，其上是环境极限，其下是社会底板。北方发达国家的经济增长及其物质规模已经超过环境的天花板，需要减增长退化到中间圈；南方发展中国家的经济社会需要摆脱西方国家的传统模式，实现环境与经济匹配的绿色新发展。2013 年我到伦敦开会碰到 Raworth，当时她正在构思甜甜圈一书的写作框架，我们作了有趣的交流。我同意 Raworth 的有创意的理论探索和可视化表述，因为我曾经写文章提过如果传统的经济增长是 A 模式，现在需要两种可持续性转型，一种是发达国家减增长的 B 模式，另一种是发展中国家聪明增长的 C 模式。我的问题是，谁来调节以及如何实现这样的重大转型。在这个问题上，我觉得《人类世的"资本论"》的看法是击中要害的，强调全球不平等是气候问题的症结所在，说有经济增长癖好的北方发达国家根本不可能进行去增长的转型，他们还在诱惑南方发展中国家以他们为范本进行发展，因此不可能对资本主义背景下的去增长抱有任何幻想，现在需要的是后资本主义的去增长方案。

《人类世的"资本论"》后 5 章，讨论马克思的去增长思想及其在当下应对气候变化问题中的意义，是作者有重大建设性思考的方面，总结起来觉得讨论了是什么、为什么、怎么做三个内容。在是什么方面，与一些人认为马克思是生产力至上主义不同，作者有新意地提出马克思的晚年形成了共产主义的去增长思想。作者认为马克思的思想演进有三个阶段，第一阶段是 1840—1850 年代，在《共产党宣言》和《印度评论》中表现了生产力至上主义，强调经济增长；第二个阶段是 1860 年代，在《资本论》第一卷中表现了生态社会主义，作者本人 2018 年出版过《马克思的生态社会主义》一书并得到过学术界的大奖；第三个阶段是 1870—1880 年代，在《哥达纲领批判》和《给查苏利奇的复信》中强调了可持续性。这是以前从来没有人提出过的对晚年马克思所构想的未来社会的新解释，作者以此为基础，认为解决资本主义生活方式的两大掠夺问题，不能靠资本主义的去增长理论，而是要靠共产主义的去增长理论。本书出版后，国外有人评论作者提出的马克思晚年去增长思想证据单薄，说服力不够。我读这本书的感觉是，作者的重点并不是对马克思晚年思想的考据，而是要从一点微小的线索出发，架构和发表他自己有关共产主义去增长的宏大理论。

为什么共产主义的去增长可以成为人类世的"资本论"，作者的理论基础是有关私人财富与共有财富（commons）的区别。19 世纪的政治家和经济学家劳德代尔曾经提出过一个著名的"劳德代尔悖论",即私人财富的增加是由共有财富的减少所产生的。作者认为,前资本主义社会的自然物品与共有财富是充足的,人造物品和私人财富是稀缺的;资本主义的市场自由主义和工业化大规模将自然物品转化为人造物品,共有财富转化为私人财富,中心—边缘式的经济增长导致了社会掠夺和自然退化;共产主义的去增长社会需要进行否定之否定,通过共有财富与私人财富的再平衡,实现地球上的人类平等和地球和谐。GDP 的增长与去增长代表着两种不同的繁荣和福祉概念。资本主义的 GDP 增长实际上是私人财富的最大化,是以减少共有财富为代价的,结果是地球上少数人和全球北方国家的富裕和物质奢侈,导致了地球上多数人和全球南方国家的贫穷和被掠夺。当前的气候问题就是资本主义经济增长和私有化的最大的公地悲剧,二氧化碳排放主要由全球北方社会和少数富裕阶层造成,但是它的后果却主要由全球南方国家和大多数穷人承担。共产主义的去增长是要减少私人财富的过度增长,夺回被消耗的共有财富,实现共有财富为主导的大多数人的繁荣与富裕。

对于怎么走向共产主义的去增长和夺回被私人财富占有的公共财富这个问题,作者认为关键是用"使用价值"的经济替代传统的"交换价值"的经济。资本主义的目标是资本积累和经济增长,因此特别强调商品的"交换价值"。追求交换价值增值的结果,最终就变成了只要卖得出去,卖的是什么都不重要。共产主义把"使用价值"而非"交换价值"的增加作为商品生产的目的，是要把重点放在满足人们的基本需求上，而不是以增加 GDP 为目标。同样是在 2020 年，Hickel 在《少即是多——去增长如何拯救世界》一书中的重点，是在技术层面提出五个方面的去增长思路，即终止计划性报废、减少广告、从拥有关系到使用关系，终止食品浪费、减少反生态的生产。不同于 Hickel，作者在体制层面强调人们要对生产资料进行自主、横向的共同管理，提出了实现去增长共产主义的五个基本原则。一是转向使用价值的经济，摆脱大规模生产和大规模消费的资本主义生活模式；二是减少劳动时间，提高生活质量；三是废除导致统一劳动的分工，恢复劳动的创造性；四是推进生产过程的民主化，减缓经济速度；五是转向使用价值的经济，重视劳动密集型的工作。

阅读该书是一次思想的激荡和盛宴。不同于作者在书中强调的权力—平等二维矩阵，多年来我一直用两个半球的理论来解读世界的发展和中国的发展，下半球是发展半球，上半球是治理半球，我觉得面向人类世的全球可持续性转型需要上下两个半球同时发力。就中国发展而言，如果 1978 年改革开放以来到 2020 年是中国高速度增长的四十年，那么从 2020 年到 2060 年中国实现碳中和就是中国高质量发展的下一个四十年。阅读该书，可以对中国式现代化和建设中国特色社会主义现代化强国，形成新的系统化的学理性看法。在下半球的发展半球，中国的生态文明和绿色发展，是要倡导一种中国特色的生产、生活、生态三生协调的甜甜圈经济学，要在经济增长的同时实现共同富裕和生态友好；在上半球的治理半球，中国的治理体系和治理能力现代化，是要倡导一种有中心领导、有群体合作的中国五星红旗治理模式，上下互动、相向而行的创造可持续发展导向的人类世新文明。

26

《少即是多——去增长构建可持续的未来》(**2020**)

（斯威士兰）杰森·希克尔著，少即是多——去增长构建可持续
的未来。王琰译，北京：中国科学技术出版社，2024

Jason Hickle, Less is More—How Degrowth Will Save the World. UK：Penguin, 2020

内容简介：本书指出资本主义的崛起依赖于人为创造稀缺，这种模式已经严重破坏了生态环境。全球经济的物质规模不可能无限扩张，我们要摆脱"增长主义"的浅薄，改变发展模式，转向可持续发展的去增长。去增长不是要控制GDP，而是要去除不需要的增长，发展真正满足人类福祉的行业和经济，使经济体系与生态环境恢复平衡，同时为所有人建立一个繁荣的社会。

作者简介：杰森·希克尔（Jason Hickel），经济人类学家，英国皇家艺术学会研究员，并在反贫困学术立场执行委员会任职。他是斯威士兰人，在南非和移民工人一起生活了数年，研究当地种族隔离后的剥削模式和抵抗运动。主要研究全球不平等、后发展和生态经济学，在专业杂志发表了多篇有影响的文章，定期为《卫报》、半岛电视台和其他媒体撰稿。

去增长的发展优于绿色增长

讨论不同国家的可持续转型，我提出要区分西方国家的 B 模式和发展中国家的 C 模式。2008 年在内罗毕参加国际生态经济学大会，第一次从欧洲学者那里听到去增长（degrowth）的概念，觉得这是欧洲学术圈对发达国家可持续转型 B 模式的深化研究。此后一直关注着这方面的学术动态。2023 年上海译文出版社约我给《人类世的"资本论"》一书写书评，从书中知道同年出版的还有一本《少即是多》(2020) 的新书，专门讨论去增长的问题。于是先是买来英文版，然后看到中文翻译版。读完之后，觉得本书的思想含金量不错，值得持有经常阅读。

如果 1970 年代环境与发展问题的学术焦点是经济增长与生态极限之间的争论，那么本书的重点是要讨论 2008 年金融危机以来有关绿色增长与去增长之间的新争论。绿色增长概念的最新流行是从 2008 年美国金融危机开始的，增长论者将绿色投资和绿色增长看作是摆脱金融危机的主要路径。我记得，2009 年年初应联合国环境署之邀到纽约联合国总部讨论绿色新政，纽约书店最新书架上摆出了好多本有关绿色新政和绿色增长的书。2012 年到里约参加联合国可持续发展峰会和国际生态经济学大会，一边是增长论者强调绿色经济和绿色增长，另一边是生态经济学家对绿色增长的尖锐批判。本书总结过去 10 多年的学术争论，对绿色增长作出了较为全面的解读和评论，在此基础上强调去增长的概念高于绿色增长，特别是认为去增长不仅可以用于发达国家，而且也可以用于发展中国家。研读本书可以理解三个基本问题。

关于为什么要去增长

本书从批判绿色增长入手，强调读者需要更多地关注去增长。指出绿色增长无法解决经济增长的资源环境影响在增大的问题，光靠循环经济这样的绿色创新不能解决经济增长的反弹效应；强调去增长才是可持续转型的正确之道，可以通过转变经济结构，去除不需要不必要的经济活动，在提升社会福祉的条件下减少物质消耗和生态足迹，实现可持续发展要求的经济社会发展与资源环境消耗的绝对脱钩。

作者认为，如果传统的增长主义表现在我们可以无止境地保持全球经济增长，一切都会变好；那么绿色增长就是增长主义的当下修订版，以为将绿色技术引入经济增长能够以某种方式拯救人类。绿色增长观点，强调技术效率改进可以使我们继续推进经济增长，认为生态危机不是质疑经济增长和市场制度的理由。例如绿色增长认为，BECCS 即"生物质能和碳捕集与封存"这类新技术的引入，可以形成负碳能源系统，因此可以抵消经济增长的二氧化碳排放。与绿色增长学者强调技术进步可以减少经济增长的资源环境影响不同，作者指出实证数据是技术进步增加了地球的自然资源消耗和生态环境影响。

作者指出，绿色增长从来不考虑万一这些新技术无法拯救我们掉下悬崖，我们应该怎么办。例如盲目相信和依赖BECCS技术而不采取实质性减排二氧化碳的措施，最后不能解决地球温度超过 1.5 度人类应该怎么办的问题。事实上，2018 年 IPCC 的研究报告已经提出，全球应对气候变暖，要从 BECCS 等负碳为主的碳中和，转向大规模减排为主的净零排放。全球要实质性地减少二氧化碳排放，到 2030 年要减少一半，到 2050 年达到净零排放，其中发达国家到 2030 年要提前实现净零排放。作者指出，2017 年联合国环境署已经承认绿色增长是白日梦，在全球范围内根本无法实现经济增长与资源消耗的绝对脱钩。

问题不是在于废除绿色导向的技术和创新，而是在于减少经济增长的规模和无止境扩张。去增长与绿色增长的根本区别，在于绿色增长也谈论经济增长要与地球影响脱钩，但从来不愿意像去增长观点那样，在承认地球存在生物物理极限的情况下去研究增长。作者从三个方面证明绿色增长引起的资源环境消耗反弹效应只有增加而不是减少，因此只有去增长才是真正的绿色发展。一是绿色技术带来的反弹效应使得能源消耗和碳排放增多，充其量能够做到的是相对脱钩和暂时脱钩，因此关键是经济增长的物质规模要得到控制；二是发展电动车需要可再生能源发电，后者需要发展源网储荷系统，这需要大量开采矿产资源包括铜、铅、锌、铝、铁以及锂，因此绿色交通的关键是减少汽车的数量和规模；三是发达国家到发展中国家进行能源转型和二氧化碳减排，会制造新的生态殖民地，因此关键是发达国家的减增长。

关于什么是去增长

作者强调，去增长不是要控制 GDP 增长，而是要控制与 GDP 相关的资源环境消耗的增长即经济系统的物质规模过度扩张。作者界定，去增长的内涵是去掉不需要的增长，是指通过有计划地减少过度使用而不是高效率地使用能源和资源，从而以安全、公正和公平的方式使经济增长与地球环境恢复平衡。去增长的环境收益是将经济增长控制在地球行星边界的生态承载能力之内。

去增长并不意味着降低生产总值，其要害是经济结构的根本性转变，即减少不必要的和有害的经济活动，与此同时增加新的有需要的行业和活动。今天的经济增长方式中，很多的物资消耗和能源消耗仅仅是为了维持，如果经济系统的规模缩小，那么维持运行需要的物质和能源也缩小。有的时候减少不必要的生产与消费，会使得 GDP 增长变慢甚至下降。但是去增长不同于传统经济增长的萧条，后者是混乱的和无序的，去增长的减少增长是一种主动的和有序的经济转型。

去增长的社会意义是终止贫困、改进人类福祉、确保每个人有好的生活。对于提升人类寿命等人类福祉的原因是什么，作者指出历史上有过两种不同的解释。一种解释是医学创新，另一种解释是收入增加。增长主义的基础，是1970年代英国学者Thomas McKeown和美国学者Samuel Preston，提出了人类寿命增加是因为收入增加。这种观点在1980—1990年代达到应用高潮。但是历史学家西蒙·斯瑞特发现，寿命高低与经济收入并没有直接的因果关系，而是与公共卫生等有直接关系。发达国家有高寿命是因为把经济收入用在公共卫生等公共服务上，而发展中国家如古巴等一开始就把收入用于公共卫生也有高寿命。将美国与古巴做比较，作者认为美国人均GDP中有3万多美元是没有收益的，因此完全可以不要这样的经济增长。

作者指出，去增长的概念不仅需要用于发达国家的减增长，也可以用于发展中国家一开始就有好的发展。去增长对于发达国家的含义，是经济增长超过了地球可以承受的物质规模之后，要降低增长的速度和规模。发展中国家起步时需要经济增长实现一定的物质积累，但是达到人均1万美元的时候就要把主要力量花在公共服务之上，哥斯达黎加、古巴等提供了这方面的好的案例。我曾经说发达国家B模式是换麻将，发展中国家C模式是摸麻将，现在引入去增长的概念，看来搞发展什么时候都要会有创意地转换经济结构。

关于怎么做去增长

本书与《人类世的"资本论"》都是讨论去增长，但是关注的重点有不同。对于如何去增长，前者是从制度层面研究解决方案，本书是在技术层面和发展层面提出思路和做法，主要步骤有两个。第一步是通过实质性分析确定哪些领域需要增长。增长主义为了做大 GDP 强调所有行业都要增长，去增长从人类福祉出发强调有些行业需要增长有些行业不需要增长。例如清洁能源、公共医疗卫生、基本服务、再生农业等需要发展，而化石燃料、私人飞机、武器、运动型多用途汽车等需要抑制发展。第二步是缩减纯粹为了利润最大化而不是为了满足人类需要的某些环节与做法，例如计划报废、产品使用寿命短、操纵消费者情绪的广告等。具体包括下列五个方面：

一是停止计划性的报废。计划报废是指企业为了提升销售额，故意设计出一些在较短时间就会发生故障并且需要更换的产品。这是交换价值导向而不是使用价值导向。例如白炽灯的时间从 2500 小时缩减到 1000 小时，家电时间缩短到 7年，手机时间不超过 3 年。计划报废实际上是一种故意的低效率，从利润最大化的角度看，计划报废非常合理；但是从人类需求和生态的角度看，这却是低效率的愚蠢行为。解决方案一是强制性延长产品的保修时间。二是用租赁模式替代拥有模式，这样企业会延长产品的使用寿命和维修时间。

二是减少广告。以增长为导向的公司除了利用计划报废加速实现营业额的提升外，广告也是此类公司惯用的提升增长业绩的策略。以快时尚行业为例，服装市场早已出现过度饱和的状态，于是服装零售商开始设计注定要被丢弃的服装，这些衣服只能穿几次并且不到几个月就"过时"了。有很多办法可以遏制广告的影响力，例如规定广告支出的比例来限制广告的总支出，立法禁止在广告中使用心理操纵技术等。以美国的数据为标准，理论上，单纯出台与快时尚相关的法规就可以将纺织品吞吐量减少多达 80%，并且不会影响人们购买所需服装的需求。

三是从所有权向使用权的转变。有许多东西虽然是必需品但是生活中很少使用，例如割草机和电动工具等。因此 10 个家庭共用一台设备意味着减少了十分之九对该产品的购买需求。小汽车从自有到共享就是这样的道理，这意味着要大力发展公共交通与自行车，要开发公有的应用程序平台供乘客使用，防止 Uber 和 Airbnb 这样的中介赚取中间利益。

四是停止食物浪费。全世界每年的粮食中有 50% 被浪费掉。发达国家的浪费，主要是消费环节，例如外观不完美、过分严格的保质期、批量折扣买一送一等。发展中国家的浪费，主要是运输与储藏环节，许多食物在进入市场之前就腐烂了。解决方案是立法进行全寿命周期的粮食生产与消费。

五是减少反生态的生产。最典型的例子是化石燃料行业，但是这样的逻辑也可以用到其他行业。例如牛肉产业，就单位土地和能源产生的营养而言，牛肉产业是地球上资源效率最低的食物之一，亚马逊森林的破坏很大程度是因为牧场和饲料开发，实际上牛肉绝对不是人类饮食的必需品，人类可以从植物性蛋白中获得营养。最近我看到报道说中国人的人均蛋白达到了发达国家的平均水平，而且主要是通过植物性蛋白实现的，这可以作为去增长的一个生动的中国故事和案例。

27

《后增长：人类社会未来发展的新模式》（2021）

（英）蒂姆·杰克逊著，后增长：人类社会未来发展的新模式。

张美霞等译，北京：中译出版社，2022

Tim Jackson, Post Growth: Life after Capitalism. Cambridge: Polity, 2021

内容简介：几十年来，我们对社会进步的理解一直建立在一个错误的信念之上，即经济增长越快，拥有的越多，越有幸福感。然而，对无休止经济增长的偏执已经导致了生态破坏、金融脆弱、社会动荡。本书中杰克逊以故事化和文学化的方式讲述后增长时期的愿景。除了经济增长，人类还需要关注财富追求与自然环境、社会公平之间的关系，注重社会、经济、文化、环境和政治等方面的协调与平衡。

作者简介：蒂姆·杰克逊（Tim Jackson），英国萨里大学教授，可持续繁荣研究中心主任。三十多年来，一直是英国研究"繁荣"的道德、经济和社会层面的先驱。著作《无增长的繁荣》被译为 17 种语言，畅销全球。2016 年他被授予"希拉里桂冠"，以表彰他在可持续发展研究方面的国际影响力。除了在学界耕耘，蒂姆也从事剧本创作并获过奖，为 BBC 节目撰写文字稿。

从《无增长的繁荣》到《后增长》

中译出版社邀请，给英国著名的可持续发展研究者杰克逊教授的新书《后增长》中译本（2021）写序，我一口答应了。10多年前读到他的《无增长的繁荣》（2009）一书，向同行和非同行推荐说这是近年来可持续发展研究的新经典。现在看到杰克逊在新冠疫情中写出新书，前后两本书讨论同样的话题，我当然想看看杰克逊想讲点什么样的新东西。读下来，觉得有三个方面的新鲜感和思想冲击。

第一，与前本书比较学术化不同，这一次杰克逊是要用故事化和文学化的方式叙说后增长的思想和原理，想让更广泛的社会了解增长与后增长的故事。搞可持续发展研究的人之所以要研究"后增长"，是因为二战以来唯 GDP 为导向的增长主义思潮，越来越难以回答两大方面的挑战。一个是如何认识和应对经济增长带来的生态环境危机，另一个是经济增长是否真正带来了社会福祉和幸福感的增加。对于这样两个致命的挑战，存在着绿色增长和后增长两种完全不同的回答。主流的新古典经济学是绿色增长的观点，他们当然认为经济增长带来持续的福祉增加和社会繁荣，同时强调可以用绿色增长消除经济增长带来的环境影响。但是像杰克逊这样的可持续发展研究者不会这样看，他们认为绿色增长微观上的效率改进和局部改进，带来了更多的和更大的宏观环境影响；他们认为经济增长对于物质贫乏的社会是必要的，但是超过一定的门槛经济增长与福祉增加就开始脱钩。因此无止境的经济增长既没有充分的可能性（相对于地球资源环境而言），也没有充分的必要性（相对于人类社会福祉而言）。他们提出了后增长的发展观，强调美好的生活不一定要以消耗地球为代价，强调社会的繁荣不一定要持续的经济增长。这本书是杰克逊对后增长理论进行通俗化的精心之作，书中用许多故事阐述后增长如何不同于老增长和绿色增长，读起来不会有太多的晦涩感。

第二，大多数有关增长与后增长的故事是从 1972 年罗马俱乐部出版《增长的极限》一书开始讲起，杰克逊的书却把思想的潮头追溯到了 1968 年的两个代表性人物。一个是美国政治家肯尼迪，1968 年他在总统竞选演讲中第一次指出了 GDP 的种种不是。可惜他发表讲演后不久就被暗杀，无法实践那些超越时代的后增长政治畅想。杰克逊在书中叹息，现在很少听得到政治家能像肯尼迪那样酣畅淋漓地批评增长主义的危害了。另一个是生态经济学家戴利，1968 年发表第一篇学术论文指出在资源有限的地球上无限的经济增长是不可能的，开始了与主流的新古典经济学的论战。我参加国际生态经济学等学术活动，曾经多次看到研究可持续发展的学者联名提名戴利应该获得诺贝尔经济学奖。杰克逊在书中引人入胜地讲了两大事件各自独立的来龙去脉以及对后来的长时期影响，整个书是围绕决策者对增长问题如何看、学术界对增长问题如何看、决策者与学者对增长与后增长的思想如何互动与冲突展开的。研究可持续发展，我读过许多有关增长和反增长的书，但是杰克逊在本书中提到的那些趣事甚至囧事，却是第一次读到。

第三，最有意思的是，杰克逊认为 2019 年以来世界各国遭遇新冠疫情，实际上是一次突如其来的后增长试验，从中可以看到突然减少了人类干扰和经济增长的自然变化和社会状况会是怎么样，可以看到世界各国在不得不宅在家里减增长的情况下如何用力去处理原来不是放在第一位的民生问题。在经济与环境关系方面，杰克逊提到疫情降低了经济增长的速度和规模，地球环境受到人类的影响开始减少了。他举出例子说，威尼斯的河道里出现了以前看不到的海豚，一群大象溜达进了中国云南的一个村庄，地球上的温室气体排放速度出现了减缓，等等。在经济与社会关系方面，杰克逊提到在紧急状态下政府对经济增长的关注瞬间减少了，对民生福利的关注大大加强了。他举出例子说，政府为保护社会和生命安全制定了以前无法想象的财政政策，原先认为对经济增长率没有贡献的医疗、食品、外卖、社区、垃圾收集等社会工作得到了高度重视，全世界目睹了非资本主义国家所进行的那些有关民生的非凡尝试，等等。杰克逊当然不会认为疫情下的减增长是正常的，但是这场突如其来的地球大试验使他认识到了后增长社会可以有什么和不可以有什么。同样讨论后疫情议程，许多人是增长范式下的旧思维，各种花里胡哨但是枝节性改进的政策改革建议和设想背后，仍然是要回到保增长的老路上去。对照起来，杰克逊在书中阐述的思想却具有系统性、彻底性和革命性，他的目的是要通过反思新冠疫情下被动无奈的不增长，摧毁根植于增长范式中的那些陈旧命题，建立后增长社会基本原理的新范式，号召人们更主动地迎接后增长社会的新繁荣。阅读杰克逊的这本书，我们的思想收获应该是：后增长社会看起来一点也不像增长社会见过的任何东西。在那里，富足不是用金钱来衡量，成就也不是由物质财富的持续积累所驱动，从个人到国家到社会追求的目标不是更多而应该是更好。

28

《幸福的经济学》（2021）

　　（美）理查德·A.伊斯特林著，幸福的经济学。笪舒扬译，北京：中译出版社，2022

Richard A. Easterlin, An Economist's Lessons on Happiness. Switzerland: Springer，2021

内容简介：本书是"幸福经济学之父"理查德·伊斯特林近半个世纪研究幸福学的总结性成果，回顾了他研究幸福经济学的整个历程，对有关幸福的核心问题做了解答。作者进一步论证了他于 1974 年第一次提出的"伊斯特林悖论"，告诉我们幸福并不完全取决于一个人的财富多少。指出幸福是一门跨学科的课题，不能单凭财富判定，而健康、家庭、人际关系、奋斗目标也是我们打开幸福之门的关键。

作者简介：理查德·A.伊斯特林（Richard A.Easterlin），美国经济学家，美国国家科学院院士、美国艺术与科学院院士。曾任美国人口协会、经济史协会、西方国际经济协会主席。本科专业是机械工程，第一份工作是机械工程师。研究生的专业是经济学，主要研究经济史和人口学。他认为他从伊斯特林悖论（easterlin paradox）开始的幸福经济学研究已经超出了经济学的范畴，具有跨学科的性质。

经济增长不等于幸福增加

研究可持续发展与可持续性科学，我一直认为可持续发展的目标是提高人类的福祉，可持续性科学的研究很大程度上就是幸福学的跨学科研究。加拿大学者 Mark Anielski 写可持续发展的书，书名就直接叫作《幸福经济学》(2007)。我们曾经提出用生态福利绩效的概念测量可持续发展，意指地球行星边界内的人类福祉，实际上是单位生态足迹的经济产出和单位经济产出的服务效用的乘积。指出强可持续性的发展研究要关注两个门槛问题。一个是生态门槛，认为在地球物理承载能力存在极限的情况下，无限的经济增长是不可能的，因此要在生态承载能力内提高资源环境的绿色生产率；另一个是福利门槛，认为无止境的经济增长并不必然带来幸福增长，经济增长对于福利增长的贡献是收益递减的，因此要用一定的经济收益获得尽可能高的福利产出。对福利门槛问题，最早进行研究的就是 1974 年伊斯特林提出的幸福悖论。关注伊斯特林及其幸福悖论研究许多年，现在看到他将自己将近 50 年的研究整合成为《幸福的经济学》一书出版，感到这是一个学术研究和精神享受的大宝贝。

本书是伊斯特林在多年来给本科生讲授幸福经济学的基础上写成，可以看作是作者对幸福研究以及相关学术争论有总结性的成果。全书从浅入深、循序渐进包括四个部分，学术性和理论性逐渐增强。第一部分入门课程，解读每个读者都想知道的问题，如何测量幸福，我们如何使自己更幸福，讨论了金钱、健康、家庭生活、欲望等要素的作用。第二部分进阶课程，重点讨论政府能否提高人们的幸福感，如果答案是肯定的，那么政府应该如何提高人们的幸福感。第三部分问答环节，讨论了一些进一步的问题，包括女性还是男性更幸福，民主如何影响幸福，幸福感应该相信心理学家还是经济学家，如何理解幸福悖论。第四部分历史课，作者运用作为经济史学家和人口统计学家所积累的经验，试图从历史的角度看待有关幸福的大量研究。

研读本书，可以咀嚼幸福问题研究中的许多前沿性的思想思辨和分歧，也可以看到如何实现幸福人生的许多实用指南。就我个人读书所得，想强调两个增量的收获，一是人生的幸福曲线可能是怎样的，二是幸福研究的社会意义是什么。

1）人生可能的幸福曲线。以往，人们简单把人生幸福看作是单一的正 U 形曲线，但是伊斯特林的研究证明应该是一个波浪形的曲线。传统的正 U 形幸福曲线来自对 20—65 岁人群的横截面研究，其中低谷是 30—50 岁的宽泛区间。正 U 形曲线与采用二次方程模型进行研究有关，无法排他性地证明年龄对于幸福的净影响，因为横截面的幸福感来自多种因素的影响。例如 30—50 岁的不幸福可能与工作、婚姻以及健康等不同的要素有关。作为深化，伊斯特林提出了波浪形的幸福曲线。波浪形曲线来自对 15 岁和 80 岁人群的时间序列研究，提供了更精准的年龄与幸福之间的关系。从波浪形曲线可以发现人生幸福的三个阶段。人生在 15 岁、40 岁、70 岁的时候常常是幸福感的峰值，其间都有一个低谷，孩子的时候峰值最高，80 岁以后峰值最低。这些峰谷变化可以与具体的三个影响因素关联起来。第一个低谷 25 岁是寻找工作所致，然后有 40 岁收入峰值；第二个低谷是 50 多岁，家庭婚姻出现问题如离婚，然后到 70 岁有峰值等；第三个低谷是 80 岁以后的健康急剧衰退，再也没有峰值了。

2）幸福研究的社会意义。伊斯特林研究幸福问题的大视角，是将幸福经济学与人类发展史上的三次革命和科学进展联系起来。一是 18 世纪末的工业革命，主要与自然科学有关；二是 19 世纪末的人口革命，主要与生命科学有关；三是 20 世纪末的幸福革命，主要与社会科学有关。因此搞可持续发展与幸福经济学，是 21 世纪最重要的社会科学。具体来说，一是工业革命与自然科学。工业革命的特点是人类的物质生活发生了重大变革，人均 GDP 从三位数增长到了五位数，达到 2 万美元以上。从农村化的分散生活进到了城市化的集中生活，人类的生产方式发生了革命。工业革命包括三次，第一次是 18 世纪的蒸汽机与煤的革命；第二次是 19 世纪的内燃机与油气的革命；第三次是 20 世纪的信息技术（包括计算机与互联网）与新能源的革命。二是人口革命与生命科学。人口革命的特点是死亡率从高到低发生变化，人均预期寿命从 1840 年的平均 40 岁增长到了现在的 80 岁，翻了一番；生育率从高到低发生变化，从 19 世纪末的 5 个孩子下降到了 2000 年的 2 个孩子。人口革命与生命科学的三次技术创新有关，第一次是 19 世纪中叶的查德威克卫生革命即城市清洁运动，城市规划就是从那时开始的；第二次是 19 世纪后半叶的病菌理论与疫苗发现，减少了传染病；第三次是 20 世纪初发现青霉素等抗生素，20 世纪下半叶医学研究从影响年轻人的传染病转向影响老年人的慢性病。三是幸福革命与社会科学。幸福革命的特点是在生活条件和物理寿命增长的同时，能够过上更快乐满意的生活，即幸福革命的核心是人们的感受有多幸福，对自己的生活有多满意。社会科学的跨学科研究为幸福革命提供了坚实的基础，幸福是社会科学中公认的概念，大多数社会科学的宗旨从来都是增进人类福祉。可以说，包含社会科学的可持续发展跨学科研究最具有这样的意义，强调要用两种好的发展政策解决自由市场带来的两个非幸福的问题，经济政策要能够解决稳定就业和收入问题，社会政策要能够解决社会安全网问题（如健康与家庭关系）。

29

《"满的世界"经济学——赫尔曼·戴利的生平与思想》（2022）

（加）彼得·维克托著，"满的世界"经济学——赫尔曼·戴利的生平与思想。张帅、诸大建译，北京：中译出版社，2025

Peter A.Victor, Economics of Full World—Life and Ideas of Herman Daly. Boston: Beacon Press, 2022

内容简介：本书是可持续性研究的一个前沿学者写的稳态经济学思想家戴利（Herman Daly 1938—2022）的学术传记。描述了戴利如何从最初的增长经济学家转变成为后来的可持续发展经济学倡导者。介绍了戴利在稳态经济学方面的理论创新及其对公共政策的主张，戴利在可持续发展研究领域的影响以及与新古典经济学之间的思想分歧。阅读本书可以看到戴利及其稳态经济思想的发生发展过程。

作者简介：彼得·维克托（Peter A. Victor），加拿大约克大学环境研究学院名誉教授和高级学者，加拿大生态经济学会创始会长，曾任加拿大皇家科学院院长，罗马俱乐部成员。主要研究生态经济、环境政策、可持续发展等。2011年获加拿大文化委员会"莫尔森奖"，2014年获国际生态经济学会颁发的"肯尼斯·博尔丁纪念奖"。著有《不依赖增长的治理》（Managing Without Growth）等。

吃了鸡蛋想知道鸡蛋如何生

读学者的传记，常常是想了解思想背后的故事，所谓吃了鸡蛋想知道蛋是怎么生下来的。戴利是稳态经济学的思想家和生态经济学的三个创始人之一。实际上，波尔丁（Boulding）和罗根（Roegen）要比戴利长一辈，在他们去世后戴利是生态经济学的最主要的理论家，特别是在可持续发展概念出来后戴利阐述了强可持续性与弱可持续性的不同。一开始研读戴利的稳态经济学即满的世界的经济学，就希望读到戴利的学术传记，觉得戴利这样的离经叛道的思想者的学术传记会特别有意思。现在读到可持续发展研究的资深学者维克托写的戴利学术传记，果然有过瘾的感觉。借翻译出版本书的机会，写下研读戴利思想的一些感受、感悟和感慨，作为译者序之一。

开始从事可持续发展研究，有过一段参与研制 21 世纪议程上海行动计划的经历，知道了怎么做即 know-how 的套路之后，希望进一步知道为什么即 know-why 的问题，于是开始寻找可以在学理上提供深入解释和讨论的文章和著作。1999 年在学校里的中美图书转运站发现戴利《超越增长》（1996）的二手书，买来后读了觉得十分解渴。2001 年上海译文出版社请我主持翻译《绿色前沿译丛》，我选择了一批 1990 年代以来在绿色发展前沿有新思想的书，其中戴利的《超越增长》

是最核心的一本。

1990 年代以来，国际上把可持续发展的学理研究分为强与弱两种范式。弱可持续性主要与新古典经济学有关，而戴利被认为是强可持续性观点的最权威的思想者和发言人，他的稳态经济学被认为是强可持续性的一种理论形态。从那以来，我读遍了可以找到的戴利出版的差不多所有书，从早期的《为了共同的福祉》（1989）和《珍惜地球》（1993），到后来的《生态经济学原理与方法》（2005）和《稳态经济新论》（2014），以及评论他的思想的《超越不经济增长》（2016）和《强与弱》（1999）。2008 年到内罗毕参加国际生态经济学大会作主旨发言，后来担任国际生态经济学会主席团成员以及《Ecological Economics》的国际编委，对戴利的稳态经济学及其在世界上的影响有了较为全面的了解。前几年国际同行发起提名戴利和罗马俱乐部获诺贝尔经济学奖或和平奖的活动，我觉得这对二战以来占据主导地位 50 多年的新古典经济学是有冲击力的。传统经济学确实需要加强对地球行星边界等一系列新进展新发现的理解，这样才能对全球发展实践提供思想指导和政策建议。

平时一直在搜集戴利的学术生平资料，现在读到维克托撰写的这本《"满的世界"经济学》大大超出了期望。读传记总会发现传主的标牌故事，研读这本戴利传记的有趣收获，是知道戴利有关满的世界的经济学，缘起于他的两个重要的生活经历。一个是他 8 岁时不幸得了小儿麻痹症，长大后在再三努力无法治愈的情况下，他决定把已经不能动的左臂截掉。他的感悟是，遇到不可能的事情时，我们最好承认它的不可能性，要把精力转移到仍然可能的好的事情上。这种思维方式在很多年后成为戴利思考经济增长问题的基本点。他认为无限的经济增长是不可能的，而稳态的经济增长才是可行的。另一个是他大学读书时到企业做实习会计，问企业会计每年按照上年情况做预算例如计划每年增长 3% 会不会有问题，回答说有的时候遇到外部运输能力问题就无法实现预算。这促使他开始思考主流经济学有关地球经济增长的生态物理限制问题。

戴利搞稳态经济学几十年，与主流的新古典经济学有过多次思想交锋。我以前花功夫研究过两个大的科学思想革命，即地球科学中魏格纳开始的大陆漂移革命和科学哲学中库恩提出的科学范式革命，两者最终都从科学的边缘走向了中心。戴利的理论虽然至今没有进入经济学思考的核心，但是在新古典经济学之外的学术圈和决策层，已经越来越多地认识到戴利的理论是符合 20 世纪人类世以来的地球生态困境和社会发展现实以及联合国推进的可持续发展目标的。维克托在书中说，当初的反对者中好多年后有人改变了说法，尽管没有把思想和观点的改变归功于戴利。

2022 年是罗马俱乐部的《增长的极限》一书出版 50 周年。年初的时候，我看到以前受过新古典经济学训练、现在倡导可持续发展的哥伦比亚大学经济学教授萨克斯（Sachs）

写的一篇文章，坦承当年主流经济学对《增长的极限》一书有严重的不公和偏见，呼吁当下的经济学需要以可持续发展为导向进行思想变革。我想，也许未来有关可持续发展的学术研究，没有必要再与新古典经济学进行无用的战斗，而是要独立自主地发展具有更大包容性的可持续性科学，戴利思想可以在学术思想的新的综合集成中提供基础性的作用。正是在这个意义上，我觉得翻译出版这本戴利的学术传记具有特别的价值。

30

《众生的地球：一份跨学科的全球倡议》（2022）

（挪威）桑德琳·迪克森-德克勒夫等著，众生的地球：一份跨学科的全球倡议。周晋峰等译，北京：中译出版社，2023

Sandrine Dixson-Declève，et al, Earth for All: A Survival Guide for Humanity. Oxford: Oxford University, 2022

内容简介：增长主导的经济模式正在破坏社会的稳定，导致这个星球的发展失衡。为了促进有效的变革，罗马俱乐部、波茨坦气候影响研究所、斯德哥尔摩复原力中心和挪威商学院联合发起"众生的地球"（Earth for All）倡议。这个倡议建立在 1972 年出版的《增长的极限》和 2009 年提出的行星边界框架之上，强调重新思考资本主义，在"人类世"创造一个安全、可靠和繁荣的未来。

作者简介：桑德琳·迪克森–德克勒夫（Sandrine Dixson-Declève），国际和欧洲气候、能源、可持续发展、可持续金融、复杂系统的思想家，罗马俱乐部联合主席，拥有 30 多年的欧洲和国际政策、商业领导和战略经验。

欧文·加夫尼（Owen Gaffney），全球可持续发展分析师、作家，斯德哥尔摩复原力中心媒体负责人。近 20 年来一直从事地球系统科学的研究和学术交流工作。

贾亚蒂·戈什（Jayati Ghosh），曾在新德里贾瓦哈拉尔·尼赫鲁大学教授经济学 30 余年，现为美国马萨诸塞大学阿默斯特分校经济学教授。

乔根·兰德斯（Jorgen Randers），世界级气候战略学者，挪威商学院名誉教授。致力于研究未来问题，尤其是与可持续性、气候、能源和系统动态有关的问题。

约翰·罗克斯特伦（Johan Rockstrom），全球可持续发展问题和水资源领域的科学家，领导了人类发展的行星边界框架的开发。

从《增长的极限》到《众生的地球》

在《增长的极限》出版50周年之际，兰德斯教授与他的梦之队携手研究写成《众生的地球》一书，以英文、中文、德文等语言在世界上同时出版。读到此书有快感，在此谈一些兴之所至的感受和想法。

1. 纪念《增长的地球》50周年最有意义的事情

《增长的极限》称得上是20世纪下半叶以来最有思想影响的一本书，用《众生的地球》纪念《增长的极限》出版50周年是最有意义的事情。2022年，我自己的一些学术活动、写作和讲演就是围绕这方面的话题展开的。

《增长的极限》出版以来差不多每10年就有一个修订版。我的书架上有其中四个版本的中译本，写作和准备讲演时经常拿出来翻阅。前三版由德内拉主持。2000年我在上海译文出版社的支持下主持翻译《绿色前沿译丛》十几本书，就特别纳入了1992年版的《超越极限》一书。2001年德内拉去世后，兰德斯承担起主笔者的角色，2012年出版了《2052的世界与中国》一书。2022年的《众生的地球》第五个更新版。撰写者除了老将兰德斯，作者中有提出地球行星边界的Rockstorm等思想精英，称得上是在新时代研究这个问题的梦之队。

2018年兰德斯和Rockstorm、Stoknes等人为罗马俱乐部写过一个报告《转化是可行的——如何在地球行星边界内实现可持续发展目标 SDGs》。看得出现在的《众生的地球》，是在这份报告基础上的更加系统化的思考。核心内容是讨论如何在地球行星边界内实现全球可持续发展目标，在把社会福利指数做上去的同时把社会紧张指数做下去。《众生的地球》认为抓住五个重要的杠杆点，可以实现从现有范式向新的范式的重大转型，在一代人的时间里改变当前的人类发展窘境。

最近十年中我与兰德斯有过几次接触。2012 年我曾经给他的《2052》中译本写过《从增长的极限到 2052 的世界与中国》的评论，邀请他来同济做过报告。他承担过上海 2050 年的战略研究，我们一起吃饭讨论过发展如何超越 GDP。到首尔参加国际地方可持续发展组织发起的城市可持续发展会议，我们住在同一个酒店，交谈时他说他看好中国可持续发展。我关注兰德斯的学术活动和思想进展，感觉他这个沙场老将在可持续发展领域是越战越勇。他自己也对人诙谐地说，现在充满干劲，觉得政府的退休年龄政策应该进一步延后才行。

2.《众生的地球》重在讨论如何超越地球生物物理极限

从一开始《增长的极限》就有破旧立新两方面的向往。破旧，是要指出地球存在生物物理极限，强调要无止境地扩大经济增长的物质规模是不可能的；立新，是要建设性地开发作为替代的新发展模式，讨论有极限的经济社会发展应该怎么样。在《增长的极限》一书及其思想演变的 50 年进程中，如果以前比较多的是揭示经济增长存在物理极限，那么现在的重点是越来越多地强调如何超越极限。

《众生的地球》提到了2009年以来有利于接受《增长的极限》思想的三方面的重要成果。一是2009年和2015年，Rockstorm等人提出了地球行星边界概念，发现地球行星存在9个生态边界，其中包括生物多样性、二氧化碳排放在内的4个边界已经被人类的经济增长所突破（Rockström et al. 2009，Steffen et al.2015）。二是2012年和2014年，Turner把1970—2000年间的真实世界数据与《增长的极限》中的场景作对照，证明经济增长与物质消耗的情况与《增长的极限》估计的指数增长情况相一致，指出增长经济学家讨论的物质消耗倒U形曲线的情况并没有出现。三是Raworth于2012年在里约会议上提出了甜甜圈经济学的概念，2017年出版《甜甜圈经济学》一书，把地球行星边界9个生态边界与经济社会的12个边界结合起来，强调了在地球物理极限内的经济社会发展应该是什么。

《众生的地球》把可持续发展领域的最新研究成果整合起来，讨论未来30年如何用一代人的时间实现发展模式的转型。全书内容有内在的紧密联系。第一部分1—2章是关于为什么，指出全球未来有两种发展战略和发展模式，可持续发展需要阔步快进模式。第二部分3—7章是关于是什么，讨论阔步快进模式需要推进的五个方面攻坚战，涉及贫困、公平、女性、粮食、能源等领域。第三部分8—9章是关于怎么做，指出现在的资本主义体制不能解决根本问题，需要建立面向可持续发展的合作治理新机制。

3. 未来发展的两种场景

从《增长的极限》到《众生的地球》，极限范式的研究特征是情景分析，即设想不同的情景下人类社会会面临什么样的不同的情况。与以往各个版本的分析总是有两个以上的多情景分析不同，《众生的地球》从对比研究出发，这一次只强调了两种情景，即一切照旧的碎步迟行式情景（too little to late）和可持续发展转换的阔步快进式（giant leap）情景。两种情景代表了两种不同的发展思维和发展方式。前者是无极限的外推思维，本书分析了按照一切照旧的发展模式会给人类未来带来什么样的负面结果；后者是有极限的回溯思维，本书用回溯思维论证了如何用地球极限倒逼经济社会发展实现倒 U 形的转折。全书用两个综合性的指数分析了两种发展情景的差异。一个是正向的社会福利指数（wellbeing index），表示经济社会福祉的增加。另一个是负向的社会紧张指数（social tension index），表示人们对发展状况的紧张和不满意。

通常 1950 年被认为是人类世的开始。澳大利亚 Steffen（2015）研究了 1750 年到 2000 年经济社会的趋势和地球系统的趋势，证明两大方面各 12 种现象从 1950 年以来指数增长出现了大加速。以往的研究数据证明 1980 年到 2020 年之间的 40 年，人类社会发展上述两个指数之间的关系是倒挂的。

社会福利指数是倒 U 型的下降，2010 年左右达到峰值 1.1，然后开始波动下降，2020 年的值是 0.8；社会紧张指数是正 U 形的上升，2000 年达到最低值 1.1，然后开始持续上升，2020年的值是 1.3。

《众生的地球》重点讨论能否在 2020—2050 年间用一代人的时间实现倒 U 形转折。展望未来 30 年，一切照旧的情景是两个综合指数之间的差距将扩大。其中，社会福祉指数将进一步下降，2050 年以后在 0.3 之间上下波动，远远低于现在的水平。社会紧张指数到 2050 年达到最大值 1.7，然后到2100 年保持到 1.4 左右，仍然比现在的情况差。两个指数的差值最大达到 1.4 左右。阔步快进的情景有可能使得社会福利指数高于社会紧张指数，2075 年后出现稳定的正向关系。其中，2030 年社会福利指数达到阶段性高点的 1.3，然后以正 U型的形式震荡向上到 2100 年达到 1.9。社会紧张指数在 2020年达到高点 1.3，然后在这个点波动稳定。兰德斯将这个转型与中国过去 30 年的经济社会奇迹做比较，说如果能够这样做，那么世界可持续发展的奇迹就会比中国改革开放以来的成绩还要大，前者使 8 亿人摆脱了贫困，后者是要让全球 80亿人受益。

4. 实行转型的五个行动

与以前的各种《增长的极限》版本做比较，《众生的地球》大大强化了有关实现情景的路线图和行动领域的研究。

实际上，兰德斯从 2012 年出版《2052 的世界》一书以来，就在持续加强这方面的工作。《众生的地球》对五大行动领域提出了相应的判断指标和要达到的目标，提出了从路径依赖到非线性变革的循序渐进的金字塔型对策举措。

有关到 2050 年五个领域要达到的目标。一是在贫困领域，低收入国家要采用新的经济模式，关键政策指标是低收入国家的 GDP 每年至少要增长 5%，直到人均 GDP 超过每人每年 15000 美元。二是在平等领域，改变令人震惊的收入不平等问题，关键政策指标是最富有的 10% 的人占有国民收入不超过 40%。三是在赋予妇女权力即人口领域（妇女没有权力导致了人口增长），改变性别权力不平衡的问题，投资于所有人的教育和健康，关键政策目标是在 2050 年以前将全球人口稳定在 90 亿以下。四是在能源领域，从化石能源转化为可再生能源，关键政策指标是温室气体每 10 年减一半（即平均每年减少 7.2%），到 2050 年达到净零排放。五是在粮食领域，粮食系统要成为可再生型和对气候和自然都友好，关键政策目标是在不扩大农业用地的情况下为所有人提供健康的粮食（粮食消费与农业用地增长脱钩）。

《众生的地球》分析领域变革的理论基础是系统分析中的杠杆解概念。这是德内拉在最初的几个版本中一以贯之的思想方法，是极限范式与众不同的元研究方法。德内拉在《增长的极限》一书中将杠杆点描述为"复杂系统中的某处，在其施加一个小的改变可以在整个系统中导致显著的变化"。通俗地讲,这是发展研究中的 80/20 思维。可持续发展要解决的问题虽然错综复杂,但是用杠杆解的做法可以找到影响 80% 问题的关键 20%。1950 年以来的资源消耗、环境污染以及气候变化等全球大加速是症状,根本的原因是无止境地追求 GDP 增长,《增长的极限》就是要针对 GDP 提出转变发展模式的杠杆解。按照可持续发展研究的 PSR 模型即压力—状态—反应模型,针对状态的治理方案是治标的,针对压力的治理方案才是治本的。

在这个问题上,极限范式的思维方法明显区别于两种发展研究的思路。一种是还原主义,分门别类地研究问题,以为解决了各自为政的问题之后就等于解决了所有问题。其实问题之间的关系存在着相关性,有的关系是正向的,有的关系是负向的,例如提高 GDP 需要消耗资源和能源。另一种是复杂主义,把问题搞得很复杂,却没有化繁为简的纲举目张方法。事实上,当下的联合国 SDGs 就面临着这样的挑战,因为提出的 17 个领域 169 个子目标在结构上是松散的。从 2015 年以来,一半时间快过去,虽然局部领域的情况有改进,但是总体上的情况离开在地球行星边界内实现可持续发展还很远。《众生的地球》就是要针对这样的困境提出解决问题的可行行动。

5. 众生地球的治理框架

用目标—资本—治理三层次组成的可持续发展框架分析

《众生的地球》一书，我觉得该书的思想和结构是非常清楚的。一是在目标层次上强调，"Earth for all"是要关注行星边界内的全人类的长远福祉，是80亿地球人的社会福祉而不是一部分人的福祉。二是在资本层次上，强调贫困、公平、女性、粮食、能源五大杠杆性领域的转型，每个领域都要对应地从相关的旧范式转向新范式。三是在治理层次上，针对当前的基于涓滴效应的资本主义的治理模型提出了新的基于众生的地球的可持续发展的治理模型。

有关发展的治理模型通常需要分析五个主要的利益相关者及其相互关系，即政府、金融部门、生产者或企业、消费者或市民、顶端的财富拥有者。在资本主义的涓滴效应模型中，财富受重力作用，最终流向了两个主要群体，即金融部门和顶端的财富所有者如房地产、矿产、知识产权的垄断者等。

众生地球的治理模型是要改变这样的结构，使得消费者和市民成为主要的受益者。对金融部门、顶端财富拥有者、生产者都要加强监管，对他们使用公共财产征收费用。治理模型中的重要变革是建立公民基金。这个概念最早可以追溯到巴恩斯的《资本主义3.0》一书，阿拉斯加的石油公共基金是这方面的现实事例。如果收租资本主义是通过榨取公共资产而扩大私人资产的过程，那么众生的地球应该是保障公共资产而造福全体人民的过程。公共基金要求对所有使用公共资产的人进行收费，特别是要对最大程度使用自然资产的金融部门、顶端财富拥有者和企业征收费用，形成源源不断的公民基金之后给全体人民分红。阿拉斯加的案例是阿拉斯加的长期居住者每年可以获得石油基金的资产分红。《众生的地球》要求建立范围更大的公民基金，不仅包括自然性的公共资产如土地、矿产、气候等生态支撑系统，而且包括生产性的公共资产如机器、道路、互联网等，以及社会性的公共资产如知识、法律、数据库等。

6. 接受极限范式需要思想变革

《众生的地球》这样的主张极限范式的书，要得到增长范式的认同常常是困难的。1972 年《增长的极限》刚出版的时候，曾经得到过主流经济学家的关注，但是马上就成了被批判的对象。强调 GDP 增长的增长范式认为这不是经济学的思维方式，这是工程师写的书而不是经济学家写的书。他们认为技术和市场的效率改进可以治理资源环境问题，由此发展了基于新古典经济学的微观资源环境经济学。

这样的情景，很大程度与历史上在增长范式与极限范式之间有过一场学术博弈有关，《较量》(2013)一书对此做了详细的研究。1981—1990 年间，以生态学家埃利希为一方，以经济学家西蒙为另一方，打赌五种金属资源的价格十年之内是上升还是下跌，赌资是 1000 美元。相信地球资源富足的西蒙赌价格下跌，相信地球资源稀缺的埃利希押价格上涨，结果是西蒙赢了。但是后人认为如果打赌时间延长 10 年，或者打赌对象不是可替代性强的金属资源物品而是不可替代性强的生态系统服务，结果就会不一样。事实上，1990年代，西蒙曾经第二次提出打赌。埃利希说原来的金属价格实际上与环境质量关系不大，提出要用二氧化碳排放等15项生态系统服务作为判断指标，每项指标赌注1000美元。西蒙没有同意，结果第二次对决没有搞成。

这一次学术博弈使得经济学界的许多人从此以后对极限范式不再予以理会，认为后来的各种主张经济增长存在物理极限的观点都是老掉牙的调调。这成为《增长的极限》出版以来50年的一种传统，严重地影响了后来的经济学发展。我在国内学术场合碰到过类似的情形已经好几次。一次是参加香山会议，有工程院院士问一位资深经济学家，后者说完全不用担心自然资源会枯竭；一次是教育部哲学社会科学某重大项目举行论证会，有经济学家说市场能够解决自然资源稀缺问题；还有一次是国家有关部门举行气候变化问题研讨会，有经济学者说从碳排放天花板用回溯法研究双碳目标，不是经济学的研究方式。

增长范式与极限范式都在讨论可持续发展，但是两者的可持续性含义是不一样的。增长范式或新古典经济学是弱可持续性观点，一般撇开生态系统研究经济增长，在经济圈的价值流流程图里没有物质流的资源输入和污染输出。极限范式或可持续性经济学是强可持续性观点，区分了两种不同意义的增长。一种是用货币单位衡量的价值流的增长，通常用

GDP 表达。另一种是人类生产和消费导致的物质流的增长，可以用物质足迹或者生态足迹表达。事实上，一旦把经济系统放在生态系统里面看问题，就会发现在一个有限的地球上，用物质流的无限增长追求价值流的无限增长是不可能的。

我多年来的研究经历证明，当有人说从《增长的极限》到《众生的地球》的极限范式是在宣传悲观主义的时候，大多数情况下可以知道他们没有好好看过这方面的书。实际上，极限范式既不是盲目的乐观主义，也不是盲目的悲观主义。从德纳拉到兰德斯都说自己是理性的现实主义和谨慎的乐观主义，对未来发展是有好的预期和对策的。德纳拉在 2002 年30 年版中指出面对极限有三种不同的态度，即一切照旧无视极限，强调效率改进可以突破极限，强调极限下的发展模式改进，极限范式倡导的是第三种积极进取的态度。兰德斯们在《众生的地球》中把前两态度归并为一种小步慢走模式，他们强调接受阔步快进的新模式，就是希望通过发展范式变革实现地球物理极限内的全人类持续繁荣。

研读《众生的地球》，需要认识到新古典经济学与可持续性科学之间的区别。地球行星边界、全球气候变化等发现，证明新古典经济学在自然资本等问题的理论假定上是落伍的。但是经济学关于成本与收益以及效率问题的分析方法仍然是有用的，需要并且可以更新再生为实现地球极限内的社会经济繁荣做出贡献。传统的经济增长没有生态理性，而生态文明的实现需要有经济理性。这方面学者转型的一个事例是美国经济学家萨克斯（J.Sachs）。萨克斯在哈佛接受新古典经济学训练，最近 20 多年转身成为可持续发展战略的积极倡导者。2022 年他写文章纪念《增长的极限》一书出版 50 周年，说了自己从事经济学研究 50 年的感悟："就我而言，我也在努力帮助经济学再生，使之成为一门新的、更全面的可持续发展的学术学科。就像商业需要更加全面、并与可持续发展目标保持一致一样，经济学作为一门知识学科，需要认识到市场经济必须嵌入道德框架中，政治必须以共同利益为目标。科学作为学科，必须共同努力，联合自然科学、政策科学、人文科学和艺术的力量。"[①]

---

① J.萨克斯，从《增长的极限》到《2030 再生》.中国绿发会，20220605。

附 1：1972 年第一次里程碑时期著作选读 20 部

世界上的绿色思想运动有三次里程碑事件，即 1972 年的联合国斯德哥尔摩环境首脑大会，1992 年的联合国里约环境与发展首脑大会，2012 年的联合国里约 +20 可持续发展首脑会议。这里列出的是第一次里程碑时期的 20 本代表性著作书目。

1. 梅多斯等：《增长的极限》（1972）
2. 沃德：《只有一个地球》（1972）
3. 舒马赫：《小的是美好的》（1973）
4. 康芒纳：《封闭的循环》（1974）
5. 梅萨罗维克等：《人类处于转折点》（1974）
6. 沃斯特：《自然的经济体系》（1977）

7. 拉夫洛克:《盖亚》(1979)

8. 布朗:《建设一个可持续发展的社会》(1981)

9. 开普拉:《转折点》(1982)

10. 布伦特兰等:《我们共同的未来》(1987)

11. 贝利:《地球之梦》(1988)

12. 乔治:《比欠债还要糟糕的命运》(1988)

13. 戴利等:《为了共同的福祉》(1989)

14. 麦克基本:《自然的终结》(1989)

15. 希瓦:《保持活着》(1989)

16. 皮尔斯等:《绿色经济蓝图》(1989)

17. 尼夫:《人类的全面发展》(1989)

18. 埃利希等:《人口爆炸》(1991)

19. 斯密德海尼:《改变路径》(1992)

20. 戈尔:《濒临失衡的地球》(1992)

附2: 2001年绿色前沿译丛主编序言和1992年第二次里程碑时期著作选读10部

当前, 有关环境的出版物正在市场上炙手可热起来。但目前国内有相当部分环境类大众读物甚至学术著作看起来是在沿袭世界上60—70年代第一次环境运动的声音, 而较少反映环境与发展方面真正前沿的思想和进展。事实上, 对环境问题的思考可以有不同的深度或不同的绿色程度。浅绿色的环境观念建立在环境与发展分裂的思想基础上, 是20世纪60—70年代第一次环境运动的基调; 而深绿色的环境观念要求将环境与发展进行整合性思考, 则是20世纪90年代以来第二次环境运动的主题。因此, 翻译这套丛书, 我们不是要简单地去赶"绿色"时髦, 而是要关注90年代以来以可持续发展为标志的绿色新思想, 真正能够促进21世纪的中国走上跨越式发展的道路。

对浅绿色环境观念与深绿色环境观念进行详细鉴别，需要成为博士论文或学术专著深入研究的课题。但在这里，我们大概可以粗线条地勾勒出两者间的差异：浅绿色的环境观念，较多地关注对各种环境问题的描述和渲染它们的严重影响，而深绿色的环境观念则重在探究环境问题产生的经济社会原因及在此基础上的解决途径；浅绿色的环境观念，常常散发对人类未来的悲观情绪甚至反发展的消极意识，而深绿色的环境观念则要张扬环境与发展双赢的积极态度；浅绿色的环境观念偏重于从技术层面讨论问题，而深绿色的环境观念强调从技术到体制和文化的全方位透视和多学科的研究。概言之，浅绿色的环境观念就环境论环境，较少涉及工业化运动以来的人类发展方式是否存在问题，其结果是对旧的工业文明方式的调整或补充；而深绿色的环境观念，洞察到环境问题的根因藏匿于工业文明的发展理念和生活方式之中，要求从发展的机制上防止堵截环境问题的发生，因此它更崇尚人类文明的创新与变革。

区别浅绿色的环境概念与深绿色的环境概念，对中国现代化的未来实践是重要的。当前我国社会各阶层对环境问题已经变得日益关注。但关注的后面可以看出存在着绿色程度的差异。如果我们的思想界和舆论界不能引导社会去认识环境问题的本质是发展方式，总是停留在不触及旧的经济社会发展方式的基础上号召人们去被动地应对环境问题，那环境问题不但不可能从根源上得到防止和解决，而且会在整个发展进程中不时重现甚至持续恶化。这就是浅绿色的环境概念实际上对中国现代化无所积极意义的理由，这也是不能把一切标榜为"绿色"的理念、学说、宣传都认为是对发展有益的理由。

翻译这套绿色前沿丛书，就是要反映国际上90年代以来的深绿色为标志的环境理念，促进中国21世纪进入环境与发展"双赢"的时代。列入译丛的著作除了体现深绿色的环境思想之外，我们刻意想做到：一是选择90年代以来在环境与发展领域具有源泉性作用和最大思想含金量的著作，而不是那些经过多次稀释、原创性内容大大淡化了的东西。这方面精心选择的著作有戴利的《超越增长》、埃尔斯的《转折点》和霍肯的《商业生态学》等；二是寻找那些在60—70年代的环境运动中活跃过但近年来思想得到革命性升华的学者90年代以来新写的著作，从他们身上可以体会环境思想在绿色程度上的深化。这方面精心选择的著作有梅多斯的《超越极限》、康芒纳的《与地球和平相处》、哈定的《在限度内生活》等；三是所选的作品尽可能是这些深绿色思想家雅俗共赏的作品，而不是他们专业性过强的学术论著，以便译丛不仅对专业人士，而且可以让更多的社会人士发生兴趣。四是所选的著作不仅要给人们以思想上和理论上的启迪和震撼，更要赋予政策上和实践上的启示，使我们对环境问题的关注从简单的忧虑和感叹走向积极而有效的行动。我们真正希冀这套译丛能够在引导社会走向深绿色的思考和行动方面有所帮助。

诸大建

2001 年 3 月于上海同济大学

附 2001 年绿色前沿译丛收入的 10 部著作书目:

1. 梅多斯等:《超越极限》(1992)

2. 康芒纳:《与地球和平共处》(1992)

3. 霍肯:《商业生态学》(1993)

4. 哈丁:《生活在极限之内》(1993)

5. 迈尔斯:《最终的安全》(1993)

6. 科尔曼:《生态政治》(1994)

7. 戴利:《超越增长》(1996)

8. 埃尔斯:《转折点》(1998)

9. 诺伊迈耶:《强与弱》(1999)

10. 弗伦奇:《消失的边界》(2000)

附3：2019年绿色发展文丛主编序言和2012年第三次里程碑时期著作选读10部

可持续发展战略的发生发展，在世界上有三个里程碑的事件。第一个是1972年在瑞典斯德哥尔摩举行的联合国人类环境会议，第二个是1992年在巴西里约举行的联合国环境与发展大会，第三个是2012年在巴西里约举行的联合国可持续发展峰会（又称里约+20峰会）。

每个里程碑相差20年，其间出现了一批各有代表性的绿色经典著作，积累形成了可持续发展的思想宝库。1990年代，北京大学吴国盛教授牵头在吉林人民出版社出版了第一个里程碑时代的一些绿色经典著作，包括《只有一个地球》（1972）、《增长的极限》（1972）、《我们共同的未来》（1987）等。2001年，我主持在上海译文出版社出版了第二个里程碑时代的一些绿色经典著作，包括《超越极限》(1992)、《商业生态学》(1994)、《超越增长》(1996) 等。策划翻译出版这套译丛，是要介绍第三个里程碑时代的一些绿色经典著作。

过去 50 年，可持续发展的思想是不断深化的。如果说1972 年第一个里程碑提出了经济社会发展需要加强生态环境保护的问题，1992 年第二个里程碑强调了要用可持续发展整合环境与发展的思想，那么 2012 年第三个里程碑以来的思想进展，主要表现在对可持续发展的认识需要从弱可持续性向强可持续性进行升华，大的趋势可以概括为如下五个方面：

第一、可持续发展思想需要区分强与弱。可持续发展的基本问题，是主张没有地球生态物理极限的经济增长，还是追求地球生态物理极限之内的经济社会繁荣？强调前者是弱可持续性观点，强调后者是强可持续性观点。过去十年间的科学研究，发现地球上的几个地球生态物理边界已经有四个被人类活动突破，其中最典型的就是全球气候变化和生物多样性问题，证明自然资本与物质资本之间具有重要的不可替代性和互补性。学术界提出了人类世的强可持续性概念，强调人类发展需要在地球生物物理极限内实现经济社会繁荣，生态足迹不要超过地球边界。

第二、可持续发展要求从技术优化到系统创新。绿色发展通常有两条路线。一条是路径依赖的技术优化和效率改进路线，不涉及科学技术和经济社会的系统变革。另一条是非线性的颠覆性的系统创新路线，要求通过经济社会发展模式变革大幅度提高资源生产率。在经济社会发展存在生态环境红线的背景下，人类社会的可持续发展需要强调颠覆式的系统创新，而不是一般的技术优化。联合国通过的应对气候变化巴黎协议，实质就是非线性的系统创新和社会变革，人类发展要变换跑道在30—50年的时间里用新能源替代化石能源，最终实现碳中和。其他如生产消费从线性经济到循环经济，城市发展从功能单一到功能混合，交通出行从小汽车化到公共交通和共享交通，都是系统创新的事例。

第三，可持续性导向的转型需要有不同的模式。与传统增长主义的A模式相区别，可持续发展导向的社会转型，理论上需要区分两种模式。一种是发达国家的先过增长后退回模式，国际上称之为B模式或减增长模式（degrowth），即发达国家的物质消耗足迹已经大大超过了地球行星边界，需要在不减少经济社会福祉水平的前提下把它们降回到生态门槛之内；另一种是发展中国家的聪明增长模式（smart growth），即发展中国家的当务之急是提高老百姓的生活水平和生活质量，但要利用后发优势使得物质消耗足迹不越过生态承载能力，这是我们做可持续发展研究强调的C模式。中国式现代化就有C模式的含义。

第四，文化建设需要独立出来发挥软实力作用。联合国里约+20会议和2015—2030全球可持续发展目标SDGs，强调可持续发展战略包括经济、社会、环境和治理四个支柱。近年来的研究越来越多地认识到，文化建设需要从社会建设中独立出来，强化成为具有黏合性和渗透性的可持续发展的软实力。一方面起到整合物质资本、人力资本、自然资本三大发展资本的作用，另一方面起到协调政府机制、市场机制和社会机制三个治理机制的作用。中国式现代化强调经济建设、政治建设、文化建设、社会建设和生态文明建设等"五位一体"，在国际上率先强调了文化建设是可持续发展需要单列的重要维度。

第五，可持续发展需要发展可持续性科学。可持续发展的推进和深化需要理论思维，可持续性科学是有关可持续发展的学理研究。过去十年来的发展，充分认识到没有可持续性科学指导的可持续发展实践是盲目的，没有可持续发展实践作为基础的可持续性科学是空洞的。可持续性科学的发展，不是单个学科能够承担，也不是各个学科的大杂烩，而是不同的学科面对共同的问题去创造可以共享的元概念和元方法，各个学科需要在整合性的范式之下去各显身手研究可持续发展的具体问题。可持续性科学的发展趋势，是超越多学科（multi-）和交叉学科（inter-）的研究现状，走向跨学科（trans-）的知识集成和整合，发展具有范式变革意义的新的本体论、价值观和方法论。

我国最高领导人说可持续发展是破解当前全球性问题的"金钥匙"。可持续发展是在联合国大会上一致举手通过的发展理念和世界认同的国际通用语言，中国生态文明和中国式现代化的实践是当今世界上最大的可持续发展实验室。翻译出版这套丛书，我们希望有助于社会各界特别是决策者、企业家、研究者，了解可持续发展第三个里程碑以来出现的一系列新思想新理念，在中国式现代化与可持续发展之间加强对话，为中国式现代化和绿色发展提供思想资料，进而能够用中国故事和中国思想推进国际上可持续发展的深化发展。

诸大建

2019 年 7 月于同济大学

附 2019 年绿色发展文丛收入的 10 部著作书目：

1. 迪茨、奥尼尔：《足够就是足够》（2013）

2. 卡拉东纳：《可持续性通史》（2014）

3. 希斯特曼：《重新发现可持续性：有限地球的经济学》（2016）

4. 马特森等：《探索可持续性》（2016）

5. 克劳尔、曼斯特滕：《可持续性与长期思维的艺术》（2016）

6. 马鲁比：《极限的问题》（2018）

7. 纳尔逊：《小是必须的》（2018）

8. 瓦克纳格尔、拜尔斯：《生态足迹》（2019）

9. 施塔尔：《循环经济》（2019）

10. 维克托：《生态过冲》（2022）

图书在版编目(CIP)数据

我读可持续发展经典书 : 30 年 30 部 : 1992-2022 /
诸大建著. -- 上海 : 上海三联书店，2025. 5 -- ISBN
978-7-5426-8882-8

Ⅰ. X22

中国国家版本馆 CIP 数据核字第 2025TZ1389 号

我读可持续发展经典书——30 年 30 部(1992—2022)

著　　者 / 诸大建
责任编辑 / 殷亚平
装帧设计 / 徐　徐
监　　制 / 姚　军
责任校对 / 王凌霄

出版发行 / 上海三联书店
　　　　　(200041)中国上海市静安区威海路 755 号 30 楼
邮　　箱 / sdxsanlian@sina.com
联系电话 / 编辑部：021 - 22895517
　　　　　发行部：021 - 22895559
印　　刷 / 商务印书馆上海印刷有限公司

版　　次 / 2025 年 5 月第 1 版
印　　次 / 2025 年 5 月第 1 次印刷
开　　本 / 889 mm × 1194 mm　1/32
字　　数 / 160 千字
印　　张 / 8.5
书　　号 / ISBN 978 - 7 - 5426 - 8882 - 8/X・9
定　　价 / 48.00 元

敬启读者，如发现本书有印装质量问题，请与印刷厂联系 021 - 56324200